人力资源和社会保障部职业能力建设司推荐
冶金行业职业教育培训规划教材

氧化铝生产技术作业标准

（分解蒸发 焙烧成品分册）

云南文山铝业有限公司　编著

北　京
冶金工业出版社
2014

内 容 提 要

《氧化铝生产技术作业标准》按《原料制备 高压溶出 赤泥沉降》、《分解蒸发 焙烧成品》、《燃气制备 热电动力》、《铝土矿山》四个分册分别出版。本册主要介绍拜耳法生产氧化铝工艺中分解蒸发及焙烧成品两个作业区共9个岗位的作业标准，对各岗位的生产工艺流程、技术原理、作业标准、危险源控制、关键设备、质量技术标准以及现场应急处置等作了比较详尽的介绍。

本书可作为氧化铝生产企业一线生产人员的培训教材，亦可供相关企业的科研、设计和管理人员参考。

图书在版编目（CIP）数据

氧化铝生产技术作业标准. 分解蒸发 焙烧成品分册/云南文山铝业有限公司编著. —北京：冶金工业出版社，2014.11
冶金行业职业教育培训规划教材
ISBN 978-7-5024-6768-5

Ⅰ.①氧… Ⅱ.①云… Ⅲ.①氧化铝—生产工艺—作业标准—职业教育—教材 Ⅳ.①TF821-65

中国版本图书馆 CIP 数据核字（2014）第 248816 号

出 版 人 谭学余
地　　址　北京市东城区嵩祝院北巷 39 号　邮编　100009　电话　(010)64027926
网　　址　www.cnmip.com.cn　电子信箱　yjcbs@cnmip.com.cn
责任编辑　宋　良　杨　敏　美术编辑　杨　帆　版式设计　孙跃红
责任校对　郑　娟　责任印制　李玉山
ISBN 978-7-5024-6768-5
冶金工业出版社出版发行；各地新华书店经销；三河市双峰印刷装订有限公司印刷
2014 年 11 月第 1 版，2014 年 11 月第 1 次印刷
787mm×1092mm　1/16；13 印张；310 千字；198 页
30.00 元
冶金工业出版社　投稿电话　(010)64027932　投稿信箱　tougao@cnmip.com.cn
冶金工业出版社营销中心　电话　(010)64044283　传真　(010)64027893
冶金书店　地址　北京市东四西大街 46 号(100010)　电话　(010)65289081(兼传真)
冶金工业出版社天猫旗舰店　yjgy.tmall.com
（本书如有印装质量问题，本社营销中心负责退换）

前　言

　　我国是世界上铝土矿资源较为丰富的国家之一，迄今已探明保守储量30多亿吨，在较好的资源优势及国家政策的支持下，氧化铝行业迅猛发展，自1954年山东铝厂投产后，又相继建成了郑州、贵州、山西、中州、平果和文山等铝厂，氧化铝年产能达3600多万吨，从业人员达数百万。随着氧化铝生产规模的不断扩大，其生产工艺技术水平也随之日益提高，由最初的烧结法发展为拜耳-烧结串（混）联法、拜耳法等几种可结合资源情况择优选用的方法。我国氧化铝行业发展初期主要采用烧结法和联合法，之后，行业的技术工作者结合我国铝土矿资源主要是高铝高硅的中低品位一水硬铝矿的资源情况，大力推广了能耗和成本较低的拜耳法生产工艺，而且成功地采用了诸如管道化溶出、管板结合蒸发和高效制气技术等一系列先进的和大型化的设备，大大提高了氧化铝生产效率。

　　在我国氧化铝行业快速发展的历程中，离不开广大科技工作者的智慧和心血，以及生产一线操作工人的辛勤劳动。如何不断提高氧化铝产业工人队伍的整体素质，提高企业的核心竞争力，促进氧化铝行业持续、快速、健康发展，已成为行业亟须解决的重要课题。

　　为了更好地满足氧化铝生产技术的发展及企业工人培训的需要，云南文山铝业有限公司组织人员编著了这套《氧化铝生产技术作业标准》培训教材。主要按照拜耳法的生产流程分别进行岗位作业描述，其内容涵盖原料制备、高压溶出、赤泥沉降、分解蒸发、焙烧成品五个主要生产工区及燃气制备、热电动力和铝土矿山三个辅助工区共54个岗位作业标准，分《原料制备　高压溶出　赤泥沉降》、《分解蒸发　焙烧成品》、《燃气制备　热电动力》、《铝土矿山》四个分册，详细阐述了各岗位概况，安全、职业健康、环境、消防，作业标准，质量技术标准，设备以及现场应急处置等六方面的作业标准及相关要求。本套教材内容丰富翔实，基本上能满足拜耳法氧化铝生产企业岗位操作人员对氧化铝生产知识和操作技能的学习需求，可作为培训用书，亦可供相关企业的科研、设计、管理人员参考。

　　本分册根据当前所采用的设备、工艺、技术等生产实际和岗位技能要求，主要介绍拜耳法生产氧化铝工序中分解蒸发和焙烧成品两个单元，对其9个岗位的生产工艺流程、技术原理、作业标准、危险源控制、关键设备、质量技术标准以及现场应急处置等作了比较详尽的叙述。本书从工作任务、工艺原理、工艺流程等多角度进行岗位描述，内容涵盖操作准备、实施及结束等各个环节，提供质量技术指标及主体设备型号参考值，并以危险源辨识、安全须知、环境因素识别、消防管理等实务模板，为企业保障员工生命安全、身体健康提供参考指南。

　　本书由编审委员会统一审阅核定，受限于编写水平，书中不足之处，诚请读者批评指正。

编写委员会
2014 年 6 月

目 录

第 I 篇　分解蒸发作业区

分解蒸发作业区包括分解系统和蒸发系统。

分解系统接收沉降送来的精液与分解母液进行换热降温送往种子过滤，在晶种槽添加晶种混合后送往分解首槽进行晶种分解，通过中间降温设备控制分解温度，建立合理的降温机制，达到较高的分解率和合格的产品粒度，分解尾槽往平盘输送合格的氢氧化铝料浆。

蒸发系统把分解换热后的分解母液（蒸发原液）送入蒸发器进行蒸发浓缩，产出合格的蒸发母液，产生的冷凝水送往全厂各用水点。蒸发母液通过调配制成合格的循环母液送往原料制备和高压溶出。系统碳盐含量过高时开启排盐苛化系统进行排盐、苛化作业，降低系统碳盐含量。

第 1 章　分解分级岗位作业标准

第 1 节　岗 位 概 况

1　工作任务

把沉降送来的精液，经板式热交换站与母液循环水或进行换热降温后，送往种子过滤机，添加晶种；再送至分解首槽进行晶种分解，通过降温把氢氧化铝分解析出，种子料浆送到种子过滤机进行晶种添加；成品料浆送往焙烧成品区。

2　工艺原理

晶种分解原理：过饱和铝酸钠溶液通过降温、加种子，不断搅拌，降低其稳定性，使 $Al(OH)_3$ 从铝酸钠溶液中析出，反应式如下：

$$NaAl(OH)_4 \xrightarrow{\text{晶种、搅拌、降温}} Al(OH)_3\downarrow + NaOH$$

3　工艺流程

分解系统采用两段法生产砂状氧化铝，工艺如下：由沉降叶滤送来的精液，首先通过板式换热器与种分母液或循环水换热，之后在晶种槽与过滤机滤饼即晶种充分混合，送至分解首槽进行晶种分解。为确保晶种分解的效果，采用变温的分解制度，分解槽的温度通过6～10号槽安装的螺旋板式换热器进行控制。分解槽的出料分为两部分：一部分经成品旋流器分级之后送至焙烧成品区，另外一部分通过自压出料流程送至种子立盘过滤机，完成晶种的添加和母液的过滤。

第2节 安全、职业健康、环境、消防

1 危险源辨识及控制措施

1.1 危险因素及其辨识的目的和方式方法

危险源辨识是发现、识别系统中危险源的工作。这是一件非常重要的工作，它是危险源控制的基础，只有辨识了危险源之后才能有的放失地考虑如何采取措施控制危险源。

危险源辨识的基本步骤如下：

(1) 策划与准备。

(2) 划分作业区活动以及信息的收集。

(3) 辨识作业活动中的危险源。

(4) 风险评价。

(5) 确定风险是否可承受，确定重大风险。

(6) 确定风险控制计划。

1.2 作业区危险因素及其辨识（表1-1）

表1-1 作业区危险因素及辨识

序号	作业活动	危险因素	可能导致的事故	主要控制措施
1	所有作业和行为	"三违"现象	灼烫、触电、机械伤害、起重伤害、其他伤害	杜绝违章行为
		劳保用品穿戴不到位	灼烫、触电、机械伤害、起重伤害、其他伤害	加强监督检查，增强自我保护意识
		劳保用品穿戴不到位	灼烫、触电、机械伤害、起重伤害、其他伤害	加强监督检查，增强自我保护意识
		工器具使用不规范	灼烫、触电、机械伤害、起重伤害、其他伤害	加强监督检查
		规程、制度执行不严格	灼烫、触电、机械伤害、起重伤害、其他伤害	加强监督检查
2	检修设备作业	停送电、挂牌不按标准执行，检修工作票不按标准执行	触电、机械伤害	严格制度，规范操作，按规程作业
		断料不按标准执行	灼烫	加强灼烫应急措施
		特种作业无证操作	灼烫、触电、机械伤害、起重伤害	持证上岗，严禁无证操作
		吊装作业不规范	起重伤害	严格执行"十不吊"

序号	作业活动	危险因素	可能导致的事故	主要控制措施
3	外来人员作业，外来设施、设备、物料及工器具的操作等	环境不熟，危害因素不清，不规范作业	灼烫、触电、机械伤害、起重伤害	杜绝行为错误，规范操作，严格执行规章制度
		现场使用的开关盒无防水设施	触电	加强防范措施，增加防水措施
4	巡检	板片压力大，刺料	灼烫	加强灼烫应急措施，戴好防护眼镜
		阀门垫子腐蚀，刺料	灼烫	加强灼烫应急措施，戴好防护眼镜
		现场照明条件差	其他伤害	改善照明
		地沟盖板缺损	灼烫、其他伤害	及时增补地沟盖板
		污水槽碱液溢出	灼烫	加强灼烫应急措施，戴好防护眼镜
5	工作过程中在平台、楼梯、栏杆、斜梯上行走	平台、楼梯、栏杆、斜梯不符合标准，强度不够	高处坠落、其他伤害	加强防护，按规范修补、改造、隔离或拆除，及时恢复受损设施
6	空气储罐的维护、保养	安全附件失效	容器爆炸	定期校验
		罐体未定期检测	容器爆炸	定期校验
		罐体未定期排污	容器爆炸	制定排污周期，定时排污
7	场所、道路作业	积水积料，摆放凌乱，通行不畅	灼烫，滑倒，物体打击	定置摆放、加强现场管理
8	泵类盘根操作	更换不及时	灼烫	加强灼烫应急措施；戴防护眼镜，停泵放净余料
9	地沟盖板作业	地沟盖板缺损	灼烫、其他伤害	及时增补地沟盖板
10	电动机操作	电动机接线头、负荷端发热、噪声，非负荷端噪声	触电	经常进行检查、维护
		接地线不规范	触电	接地线使用铜芯线
11	管道输送物料作业	连接部位刺料伤人	灼伤	加强外送管道应急救援措施，高处作业须系安全带
		考克泄漏、刺料	灼伤	加强外送管道应急救援措施
		闸门泄漏、刺料	灼伤	加强外送管道应急救援措施
		管壁磨损、泄漏、刺料	灼伤	加强外送管道应急救援措施
12	电梯作业	电梯失控	高处坠落	定期检验，启动应急措施，通信设施确保完好、畅通

序号	作业活动	危险因素	可能导致的事故	主要控制措施
13	分解槽上操作	槽顶溜槽、分料箱冒料槽底有人干活时，溅液灼烫	灼烫	加强灼烫应急措施，戴好防护眼镜
		阀门失效、阀门垫子腐蚀，刺料	灼烫	加强灼烫应急措施，戴好防护眼镜
		搅拌电动机对轮脱落	机械伤害	加强检查，停电挂牌
14	分级机操作	沉没式泵进出口刺料	灼烫	加强碱灼烫应急救援措施，戴好防护眼镜，做好联保互保，放净余料
		母液进出口法兰刺料	灼烫	加强碱灼烫应急救援措施，戴好防护眼镜，做好联保互保，放净余料
		旋流子刺料	灼烫	加强碱灼烫应急救援措施，戴好防护眼镜，做好联保互保
		现场照明条件差	其他伤害	改善照明
15	分解槽下操作	槽上高空坠物伤人	物体打击	严格制度规范操作
		槽上提料风过大，冒料	灼烫	加强灼烫应急措施，戴防护眼镜
		阀门失效、阀门垫子腐蚀，刺料	灼烫	加强灼烫应急措施，戴防护眼镜
		大小循环泵、化清泵周围积料太多	灼烫，其他伤害	加强灼烫应急措施，加强安全防范意识
		大小循环泵进出口管支架少	灼烫	加强灼烫应急措施，戴防护眼镜
16	料浆槽操作	冒料	灼烫	加强灼烫应急措施
17	套管加热器作业	阀门失效、阀门垫子腐蚀，刺料	灼烫	加强灼烫应急措施
18	电葫芦作业	电葫芦检修平台太窄	高处坠落	加强安全意识，加宽加大平台
		电葫芦检修滑线未停电	触电	严格制度规范操作
		吊运物件不执行"十不吊"	起重伤害	严格执行"十不吊"
		钢丝绳强度降低	起重伤害	检查钢丝绳强度，发现异常及时更换

续表 1-1

序号	作业活动	危险因素	可能导致的事故	主要控制措施
19	板式换热器操作	检修设备无吊装设施	物体打击	增加吊装设施
		板片压力大，刺料	灼烫	加强灼烫应急措施，戴好防护眼镜
		阀门失效、阀门垫子腐蚀，刺料	灼烫	加强灼烫应急措施，戴好防护眼镜
		现场照明条件差	其他伤害	改善照明
20	精液板式换热器清理	清除板内余料未放完，精液泵未停	灼烫	加强灼烫应急措施，停电挂牌，戴好防护眼镜
		停电，母液阀门窜料	灼烫	加强灼烫应急措施，放净余料，戴好防护眼镜
21	板式换热器化清槽作业	泵、管道连接部位刺料	灼烫	加强碱灼烫应急措施，现场采取临时遮盖措施，戴好防护眼镜
		化清槽泄漏刺料	灼烫	加强碱灼烫应急措施，现场采取临时遮盖措施，戴好防护眼镜
		蒸汽疏水阀失效	灼烫	放净槽内余料及时检查更换
		加热操作失误	灼烫	加强碱灼烫应急措施，严格按作业指导书操作，戴好防护眼镜
22	电葫芦作业	电葫芦检修平台太窄	高处坠落	加强安全意识，加宽加大平台
		电葫芦检修滑线未停电	触电	严格制度规范操作
		吊运物件不执行"十不吊"	起重伤害	严格执行"十不吊"
		钢丝绳强度降低	起重伤害	检查钢丝绳强度，发现异常及时更换
23	粗细晶种泵操作	泵及进出口管道密封不良	灼烫	加强灼烫应急措施
		泵更换机封，采光照明不良	机械伤害	改善作业条件
		起重吊运泵时挤压、坠落等	起重伤害	提高指挥作业人员素质
		高压泵周围噪声超标	噪声聋	佩戴耳塞，降噪改造
24	母液泵操作	高压电动机内部零件损坏	触电	及时发现补齐
		泵及进出口管道密封不良	灼烫	加强灼烫应急措施

序号	作业活动	危险因素	可能导致的事故	主要控制措施
25	晶种槽操作	溢流管出料	灼烫	加强灼烫应急措施
		槽内滑倒，灼烫	灼烫、其他伤害	加强灼烫应急措施
26	真空泵空压机检修	噪声超标	噪声聋	加强防护措施
		人站在泵体上进行泵体检修作业	高处坠落，其他伤害	加强监护和防范措施
		起重吊运物件时挤压坠落等	起重伤害	提高员工素质，做好互保联保
27	过滤机操作	过滤机周围碱蒸汽大	其他伤害	加强安全意识
		过滤机进料管刺料	灼烫	加强灼烫应急措施
		过滤机换布，内部空间狭小	机械伤害	加强防范措施，增强安全意识
		通下料口，碱蒸汽大	高空坠落	加强防范措施，添加护栏
28	沉降槽	现场楼梯下雨湿滑	摔伤	加强作业人员安全防范意识
		搅拌驱动装置无防护装置	其他伤害	加强作业人员安全防范意识
		分料箱漏料	灼烫，其他伤害	加强灼烫应急措施
		溜槽闸阀无操作平台	灼烫，机械伤害，其他伤害	加强灼烫应急措施
		搅拌电动机维护无操作平台	灼烫，机械伤害，其他伤害	加强灼烫应急措施
		搅拌电动机漏电	触电	加强作业人员安全防范意识
29	底流泵	机封刺料	灼烫	加强灼烫应急措施
		泵对轮防护罩质量差	机械伤害，其他伤害	加强作业人员安全防范意识
		地沟盖板缺失	灼烫	加强灼烫应急措施
		高空作业	摔伤	加强作业人员安全防范意识
		阀门失效，阀门垫子腐蚀，刺料	灼烫、机械伤害、其他伤害	加强灼烫应急措施
		照明差	其他伤害	夜间作业，配备手电筒
30	循环水冷水泵	电动机漏电	触电	加强监督检查，增强自我保护意识
		机封刺水	其他伤害	加强监督检查
		巡检无安全通道	机械伤害、其他伤害	加强监督检查
31	循环水旁滤泵	机封刺水	其他伤害	加强监督检查
		进出口阀门无操作平台	其他伤害	严格执行规章制度，规范操作，按规程作业
		污水池无盖板	淹溺	严格执行规章制度，规范操作，按规程作业

续表 1-1

序号	作业活动	危险因素	可能导致的事故	主要控制措施
32	循环水冷却塔	进水阀无操作平台	淹溺	严格执行规章制度，规范操作，按规程作业
		冷却塔顶护栏质量差	高空坠落、淹溺	提高员工安全防范意识，高处作业使用安全带
		照明差	其他伤害	夜间作业，配备手电筒
		检修电动机不方便	机械伤害，其他伤害	检修作业执行安全管理制度
33	硫酸泵操作	阀门失效、阀门垫子腐蚀，刺料	灼烫	加强灼烫应急措施，戴好防护眼镜
		现场照明条件差	其他伤害	改善照明
		控制开关盒漏电	触电	加强防范措施，增加防水措施
34	原液槽的操作	阀门失效、阀门垫子腐蚀，刺料	灼烫	加强灼烫应急措施，戴好防护眼镜
		平台、楼梯、栏杆、斜梯不符合标准，强度不够	高处坠落，其他伤害	加强防护，按规范修补、改造、隔离或拆除问题设施，及时恢复受损设施
		碱蒸汽大，视线不清	其他伤害	加强防范措施，增强安全意识
		槽顶腐蚀严重	坍塌	加强防范措施，添加护栏
		楼梯滑、护栏腐蚀严重	滑倒及高处坠落	加强防范措施，添加护栏
		槽内清理有余料，碱灼伤	灼伤	加强灼烫应急措施
		清理槽内固体物质砸伤	其他伤害	加强防范措施，增强安全意识
		槽体补焊操作失误	高空坠落	加强监督检查
35	蒸发器操作	目镜更换不及时、操作不当，目镜破裂	灼烫	加强检查，及时更换
		管板换热器	热辐射	加强防范措施，增强安全意识
		安全附件失效	爆炸	加强检查，及时更换
		噪声大	其他伤害	作业时佩戴耳塞
		阀门失效、阀门垫子腐蚀，刺料	灼烫	加强灼烫应急措施，戴好防护眼镜
36	蒸发器、预热器、自蒸发器酸洗作业	酸洗后检修违章操作，或操作遗漏，未测有害气体含量	爆炸	按操作规程正常操作
		罐内检修，未使用安全电压照明	其他伤害	改造作业环境，及时使用照明
		高空作业	高空坠落	加强防范措施，添加护栏
		蒸发器打压，器内物料喷溅	灼烫	加强灼烫应急措施
		酸洗用浓硫酸时，操作失误	灼烫	按操作规程正常操作，加强灼烫应急措施
		酸洗未加缓试剂蒸发器腐蚀	灼烫，爆炸	按操作规程正常操作，加强灼烫应急措施

序号	作业活动	危险因素	可能导致的事故	主要控制措施
37	减温减压作业	减温水阀门失效、刺料	灼伤，其他伤害	按操作规程正常操作，加强灼烫应急措施
		减温减压电动阀失效、刺汽	灼伤，其他伤害	按操作规程正常操作，加强灼烫应急措施
38	强碱泵、底流泵操作	泵及进出口管道密封不良、法兰刺料	灼烫	加强灼烫应急措施
		泵更换机封，采光照明不良	机械伤害	改善作业条件
		起重吊运泵体时挤压、坠落等	起重伤害	提高指挥作业人员素质
39	石灰乳泵操作	电动机内部零件损坏	触电	及时发现补齐
		泵及进出口管道密封不良	灼烫	加强灼烫应急措施
40	强碱槽、石灰乳槽、盐沉降槽、苛化泥沉降槽操作	溢流管出料	灼烫	加强灼烫应急措施
		槽内滑倒，灼烫	灼烫，其他伤害	加强灼烫应急措施
		泵、管道连接部位刺料伤人	灼烫	加强碱灼烫应急措施，现场采取临时遮盖措施
		槽壁腐蚀导致泄漏、刺料	灼烫	加强碱灼烫应急措施，现场采取临时遮盖措施
		蒸汽疏水阀失效	灼烫	放净槽内余料，及时检查更换
		加热操作失误	灼烫	加强碱灼烫应急措施，严格按规程作业
41	排盐苛化过滤机操作	过滤机周围碱蒸汽大，视线不清	灼烫，其他伤害	加强安全意识
		过滤机进料管刺料	灼烫	加强灼烫应急措施
		通下料口，碱蒸汽大	高空坠落	加强防范措施，添加护拦
		控制箱进碱蒸汽、电源短路	触电	加强巡检，加强维护
42	蒸发母液泵、循环母液泵、液碱输送泵作业	泵及进出口管道密封不良	灼烫	加强灼烫应急措施
		泵更换机封，采光照明不良	机械伤害	改善作业条件
		起重吊运泵体时挤压、坠落等	起重伤害	提高指挥作业人员素质
		电动机内部零件损坏	触电	及时发现补齐

序号	作业活动	危险因素	可能导致的事故	主要控制措施
43	蒸发母液槽、循环母液槽、液碱输储槽作业	泵更换机封，采光照明不良	机械伤害	改善作业条件
		起重吊运泵体时挤压、坠落等	起重伤害	提高指挥作业人员素质
		溢流管出料	灼烫	加强灼烫应急措施
		槽内滑倒，灼烫	灼烫，其他伤害	加强灼烫应急措施
		泵、管道连接部位刺料伤人	灼烫	加强碱灼烫应急措施，现场采取临时遮盖措施
		槽子泄漏刺料	灼烫	加强碱灼烫应急措施，现场采取临时遮盖措施
44	化片碱作业	碱蒸汽大，视线不清，照明不良	灼烫、其他伤害	加强防范措施，增强安全意识
		地沟盖板缺损	灼烫、其他伤害	及时增补地沟盖板
		泵、管道连接部位刺料伤人	灼烫	加强碱灼烫应急措施，现场采取临时遮盖措施
		粉尘碱飞扬	灼烫	加强碱灼烫应急措施

2　安全须知

2.1　基本安全须知内容

（1）凡进入公司的新员工、外培实习和新调人员，都必须接受入厂、区域、班组岗位三级安全教育，经考试合格后，方可上岗工作。

（2）严格遵守劳动纪律和各项规章制度，班前班中不准喝酒，违反者责令休息，按旷工处理，禁止精神失常者上岗工作。

（3）工作前要穿戴好必要的劳动保护品，包括工作服、雨衣、酸衣、工作帽、披肩帽或安全帽、手套、绝缘手套或胶皮手套、劳保鞋、绝缘鞋或胶鞋、眼镜或面罩等，并做到"三紧"。

（4）工作中不准穿拖鞋、凉鞋、高跟鞋、短裤或光膀子，女工留长发辫子的要系在工作帽内。

（5）工作时间严禁打闹斗殴、开玩笑、打盹睡岗、串岗、脱岗；严禁下棋、打牌、洗澡、到处乱跑和做与工作无关的私活。

（6）一切安全保险装置、防护设施、安全标志和警告牌不准任意拆卸和擅自挪动，必须挪开时，工作完后要立即恢复。

（7）严格遵守区域作业标准，做好本职工作，自己的岗位不经上级批准，不得私自交给他人看管。否则，发生的问题由本人负责。

（8）各处地沟、走台、操作台、吊装口等处的盖板，必须盖好，不准挪用。

（9）皮带、皮带轮、齿轮、砂轮、联轴器等危险部位，都应有防护装置和安全罩。

（10）在雨雪冰冻、积水、碱液和油、酸处行走和工作时，应谨慎小心，以防滑倒伤人。

（11）上下楼梯、爬梯要手扶栏杆，在槽上工作人员，不准靠栏杆休息、打闹和开玩笑，严禁往下乱扔东西，以免伤人。

（12）楼板、走台、槽顶等，不得任意开口，必要时应设围栏和鲜明标志，用完立即恢复。

（13）打锤时，要首先检查锤头是否牢固，有无飞边毛刺，挥锤前要环视四周人和障碍物，两人以上打锤时，都要戴好安全帽，并不准对站对打。

（14）严禁用湿手触摸电气设备，运转部位不得跨越、擦拭、手摸，周围严禁晾晒衣物、堆放杂物，保持环境清洁，通道顺畅。有人盘车时，严禁他人开车。

（15）凡停车 8h 的电气设备或不到 8h，但有打垫子或下雨等特殊情况，溅上水和料者，必须找电工测量绝缘，合格后方能开车。

（16）电气设备发生故障一律由电工处理，不准私自处理，以免触电伤人。

（17）使用手持电动、风动工具时，必须有可靠的接地接零措施；各处接头要牢固、利落，严防挂拉接头伤人。使用中不得更换零件，用完要清洗加油。

（18）检修槽体、管道或设备时，要首先开具工作票并与有关岗位联系好，切断料源、气源、电源。放完存料，穿戴好劳保用品，必要时戴好眼镜；不要面对法兰，严防余料喷出伤人。

（19）拆装设备时，不得用手指插入连接面深处探摸螺孔，事先要扶好吊牢，严防只有一个螺丝时，重力压下转动伤人。

（20）进槽内工作时，必须把进出口阀门考克关死，必要时加上插板，切段料源，挂上警告牌。有传动的设备要切断电源，外边要有专人监护，槽内要保持通风良好，温度降到 40℃ 以下，照明使用 12V 安全灯。

（21）槽上禁止往下扔东西，必要时要有专人看守，危险区要用警戒带或绳子围起来，并挂上"危险"、"禁止通行"的警告牌。

（22）凡在两米以上高空作业，禁止穿硬底鞋，要采取安全措施，系好安全带，并拴在牢固的地方。

（23）禁止依靠槽梯、操作台、吊装口栏杆，因检修或安装临时拆除的栏杆或过桥等安全措施，完工后必须修复，否则不予验收和试车。

（24）对氧气瓶、油类、电石、木材、棉纱等易燃易爆品，应分别妥善保管，各仓库严禁烟火，并严格遵守仓库相关安全规定。

（25）岗位必须定置配备硼酸水。工作中，如碱水冲溅到皮肤和眼睛上，要及时用清水或硼酸水冲洗，必要时迅速送到医院治疗。

（26）清理人员加压酸水时，必须穿好防酸衣、防酸帽等保护用品，关键地方要有专人看守。

（27）疏通管道及抽加插板的作业过程中，通知岗位人员断料停电，必要时应派专人监护，防止误开泵伤人。

（28）作业人员要加强与相关岗位的联系，做到心中有数。抓好设备维护、作业、检修，确保设备处于良好运行状态，杜绝跑冒滴漏、沉槽、堵管或淹烧电动机等容易造成人身伤害的生产、设备事故的发生，减少检修重复发生的频次，积极处理本岗位存在的问题，确保安全文明生产。

2.2　岗位安全须知内容

2.2.1　分解

（1）在取样、测量液位、调整液量、处理病槽、清理检修作业过程中，必须戴好胶皮手套和眼镜，严防碱烧伤。

（2）在隔槽、扩槽抽加插板时，要集中注意力，谨慎小心，脚步站稳，如需佩戴安全带的必须系好安全带，严防脚滑踏空摔伤和烧伤。

（3）槽子清理检修时，进出口流槽必须堵死，并加强检查，严防向槽内窜料或掉东西伤人。

（4）槽上人孔不得任意打开，必要时，要采取安全措施，用完立即盖好。

（5）设备清理检修时，要和相关岗位联系好，并停电、挂上警告牌，切断料、水、气源，放完存料方可工作。

（6）在观察和捅漏斗时，要戴好眼镜和面罩，必要时关闭或关小吹风，严防烧伤。

（7）过滤机换布等作业过程中，脚要站稳，防止摔伤。严防螺丝、工具等掉进滤浆槽内。

（8）加油或打扫卫生冲地坪时，严防滑倒伤人和烧伤，用水管冲水时要特别注意电器设备，严防受潮或冲湿，发生事故。

（9）设备清理检修好后，必须到现场详细检查验收，待人全部离开，障碍物排除后，方可送电试车，合格后在验收单上签字。

（10）安全装置不准任意拆卸或移动。

（11）进料浆槽内工作时，必须断电挂牌，外面设人监护，照明用12V以内安全灯。

（12）进槽作业，认真检查结疤状况，应把松动的结疤事先处理掉，严防由于震动落物、滴碱伤人。

（13）分解槽放料要装第二道考克或阀门，并加强检查地沟过料情况，防止跑料和淹电动机。

（14）需要打人孔底流时，必须通知岗位确认存料体积，流槽是否堵好，断完全部进料，防止窜料。一般情况液面不得高于人孔。

（15）卸下的螺栓、垫子和盖板要收放好，不得埋入物料中。槽内情况检查无问题后方可上人孔、底流。

（16）搭架子要用坚韧的木杆、踩板或足够强度的材料，有碱腐蚀的不能用，两头都要绑牢，不准有空头，严防踩翻伤人。

（17）打钎子或打锤时，要首先检查锤头是否牢固，有无卷起的飞边毛刺。挥锤前要环视四周无人和障碍物，两人以上打锤，不准对站对打。

（18）换盘根时，不准骑在电动机及泵浦设备上。

（19）开关各种阀门或考克时，要缓慢进行，不能猛开猛关，脚要站稳，严防摔伤、碰伤和烧伤。

（20）在压料和拉槽过程中，要勤检查联系，勤活动出料阀和考克，注意料量大小，严防堵管道和打垫子等事故的发生。

（21）改动流程要仔细检查，保证流程正确、畅通。

（22）认真抓好精液板式热交换器的碱洗工作，保持畅通。严防堵管和窜料，两相压力差不大于 0.05MPa（本作业标准所有压力均为表压），严禁超压、偏压打垫子或低压运行。

（23）沉降槽底流大小控制要适当，勤观察底流泵的电流变化，严防底流过小堵管和料量过大造成电动机过载、管道打垫子。

（24）泵浦及管道发生严重刺料，并危及人身设备安全时，作业人员应采取防范措施，在确保人身安全的条件下才能进行处理。

2.2.2　蒸发

（1）严格遵守压力容器法律法规和作业标准，受压容器（蒸发器、自蒸发器）不准超压运行，确保安全生产。

（2）蒸发器Ⅰ效和新蒸汽阀门等附近，无事不得多停留，以免打垫子伤人。

（3）在更换蒸发器目镜时，首先必须消除容器内的压力，在卸目镜时，人不得面对目镜。

（4）打碎的目镜，必须立即清扫干净，以免伤人。

（5）蒸发器的目镜不允许有裂纹，如有裂纹要及时更换。

（6）正常运行的蒸发器，目镜不允许用水冲洗，更不允许带压紧固目镜螺丝。

（7）蒸发器技术条件波动时，要及时调整，避免回水跑碱事故的发生。

（8）严格执行作业标准，做到"六稳定"，避免液面波动过大跑碱或干罐事故的发生。

（9）蒸发器停车放料时，要首先检查放料管道进循环水池的阀门是否关闭。放料量不能超过污水泵输送能力，避免冒槽。

（10）酸洗时，检查好漏处，采取措施，防止灼伤。

（11）沉降槽底流大小控制要适当，勤观察底流泵的电流变化，严防底流过小堵管和料量过大造成电动机过载、管道打垫子。

（12）在液碱、硫酸储存等强碱和强酸作业区域，作业和巡检过程中一定要穿胶鞋戴眼镜，做好防护，并设置冲洗设施。

（13）在配酸稀释过程中，一定要遵守"先加水后加酸"的化学法则，防止爆炸灼伤。

2.2.3　换布

（1）卸布时，不得扯拉过猛，防止摔伤和烧伤或扇板、工具砸落伤人，要左右兼顾，眼明手快，做到安全作业。

（2）在用铁丝扎滤布口时，严防铁丝压手或断口伤人。

（3）防止工具及杂物掉进料浆槽内。设备按钮要有专人开停，开停车要进行确认，以免误开车伤人。

（4）正确使用工器具，保管好原材料，作业完成后现场要打扫干净，做到安全文明生产。

（5）使用电烙铁粘滤布时，要先检查电烙铁是否漏电，有无接零接地保护，并且电缆应符合电气要求，使用中应注意避免烫伤。

2.2.4　电梯

（1）轿厢的载重量不能超过额定起重量，如遇特殊情况，需经司机和管理人员同意，但不得超过电梯的过载能力。

（2）载客电梯不允许作为载货电梯使用。

（3）不允许装运易燃、易爆的危险物品，如遇特殊情况，需经司机和管理人员同意，并严格采取安全保护措施。

（4）严禁在厅门开启情况下，揿按检修按钮开动电梯作一般行驶，不允许揿按检修急停按钮作一般正常行驶中的信号。

（5）不允许利用轿厢安全窗或安全门的开启装运物件。

（6）行驶中乘客勿依靠轿厢门。

（7）轿厢顶上部，除电梯固有设施外，不得放置他物。

（8）如自动平层装置所达到的平层准确度个别情况下不能满足要求时，要换向启动行驶。

（9）轿厢行驶时不得突然换向，必要时应先将轿厢停止后，再换向启动行驶。

（10）不允许用轿门的启闭来控制电梯的启动或停止。

（11）载荷应放置稳当，尽可能安放在轿厢的中间，防止运行时倾倒。

（12）电梯在正常行驶时，如发生停电，应按停电预案处理。

2.2.5　电葫芦、天车

（1）检修用过的道木、角铁要存放牢固，防止开车振动掉下伤人。

（2）开车前必须检查轨道有无妨碍运行的障碍物，确认轨道无断裂、安全设施牢固齐全，方可开车。

（3）限位开关要齐全好用，不全不好用者，不得使用天车。

（4）抱闸杠杆弹簧要灵活好用，抱闸磨损不得超过60%。

（5）正确估重，起吊物不得超过设备的铭牌规定。

（6）起吊过程中欲做反向动作时，必须待车停稳后，方能开车。

（7）起吊载荷水平移动时，必须提高到高于可能遇到障碍物0.5m以上方能开车，钢丝绳吊重物必须垂直，不允许歪拉斜吊，不得贴地拖吊。

（8）起吊重物时，应遵守"十不吊"。

（9）起吊重物时，吊装孔下不得过人，应派人监护；必要时拉上警戒带，挂警告牌"禁止通行"。

（10）如停车时间长，再开动前需测量电动机绝缘。

（11）停车时，天车及吊钩不得停在通道上。

（12）检查吊钩、钢丝绳有无损伤，拴挂牢固，工作起落要平稳。

（13）天车检修后，电、钳工需要陪同试车时，位置要站好，车上的人不准站立，防止房架碰头，并与天车作业人员联系好，天车运行不准上下车。要清理好现场，否则，天车作业人员有权不开车。

2.3　岗位安全确认制（表1-2）

表1-2　岗位安全确认内容

序号	安全确认	确认程序	确 认 内 容
1	联系呼应确认	下达指令	指令下发者，确认指令下发的岗位、接受者、内容、时间，做好记录
		执行指令	接受指令者，复诵无误后，做好记录，方可作业
2	开停车确认	开车	作业者接到指令后，确认与指令相符的设备，检查该设备是否具备开车条件，确认无误后，方可启动设备
		停车	作业者接到停车指令后，确认与指令相符的设备，检查该设备是否具备停车条件，确认无误后，方可停车
3	作业确认	想	认真思考本岗位的安全作业标准、作业程序、动作标准
		看	查看本岗位的危险点、区域的信息指示是否正常，有无影响设备正常运转的障碍物，有无立体交叉作业，作业的设备安全防护装置是否齐全完好，确认作业设备已符合安全作业条件
		动	严格按照安全作业标准、作业程序、动作标准的要求实施作业
		查	作业过程中及完毕后，检查作业对象反馈的信息是否正常
4	行走确认	查看	巡检设备时，确认所通过的区域有无安全通道，巡检路线附近有无危险设备，确认警示牌上的内容
		判断	确认是否具备通行条件
		通过	判断无误后，方可通过

3　环境因素识别及控制措施

3.1　职业健康环境因素识别

职业健康关系到每一位员工的切身利益，依据《中华人民共和国安全生产法》、《中华人民共和国劳动法》、《中华人民共和国职业病防治法》、《中华人民共和国消防法》等国家的法律法规的相关要求，各个作业岗位必须采取以下防护措施。严格执行国家有关的劳动安全与工业卫生的法律、法规。

（1）产生粉尘的工艺要采取密闭措施，并设防尘装置。

（2）对高温辐射的设备采取保温隔热措施，员工穿戴好防护服装，防止高温及辐射的危害。

（3）对产生噪声的设备，要设置消声装置、加装减振装置，员工在隔音室作业、巡视人员戴耳塞。

（4）对散发易燃易爆气体的场所，设置可燃爆炸性气体监测仪，并配备空气呼吸器、防毒面具等气体防护器材。

（5）根据防爆火灾区域划分，合理选用防爆型电气设备。

（6）各设备、设施根据国家标准需要采取防雷、防静电接地，接地电阻小于 4Ω。

（7）各设备、设施配备相应的消防系统和移动式的消防器材。

（8）对有害气体、固体物、放射源、剧毒物质等危险物要进行有效监测，并制定相应的防范措施。

（9）根据各岗位的生产性质及危害程度，配备合理的员工工作设施、工作室、卫生间等。

（10）按国家相关法律法规要求，配备相应的安全、环保、卫生人员，建立员工健康档案，定期对员工进行健康检查。

（11）遵守国家相关法律、法规所述的其他职业健康安全卫生要求。

3.2　环境卫生控制措施

3.2.1　通用环境卫生控制措施

（1）工作场所应该保持整齐清洁，现场物品的摆放应严格执行定置管理规定，同时设置定置管理图。

（2）杜绝跑、冒、滴、漏现象，发现漏点要及时治理，通道、路面有积存碱液、油、水等物料时要及时清理干净，巡检过程要小心行走，以免跌倒。

（3）现场设备的布局应便于员工安全作业。

（4）设备与墙、柱间以及设备之间应留有足够的距离或进行安全隔离。

（5）各种作业部位、观察部位应符合人机工程的距离要求。

（6）垃圾和废弃物由所属单位自行清理，在指定地点堆放。

（7）经常检查和完善设备、设施的安全防护系统，保证安全装置、安全防护系统完好有效。

（8）在有较大危险因素的设施、设备上设置明显的安全警示标志，标明规定的安全色。

3.2.2　设备卫生控制措施

（1）设备地脚、基础及周围干净整洁，无积料、积灰、积水，无杂物。

（2）设备本体见本色，无积灰、油泥、结垢，无泄漏。

（3）安全罩上无积灰，安全网内无杂物。

（4）油面镜、仪表盘清晰，控制箱完好、干净整洁。

（5）电气设备不能用水或有机溶剂冲洗，不能用湿手触摸。

（6）禁止用强酸或强碱溶液处理设备上的污垢。

（7）在清理设备本体卫生时，要远离转动部位，注意人身安全。运转部位的卫生清理要待设备停止运行后再按要求进行。

3.2.3　厂房卫生控制措施

（1）厂房房顶、墙壁、梁柱、框架、门窗、栏杆定期清扫，保持干净整洁。

（2）地面、楼梯、平台、走道干净，无垃圾、无积水、无油污、无杂物。

（3）厂房内电缆沟（桥架）、地沟盖板整洁稳固，电缆沟（桥架）及地沟内无积水、积料、杂物。

（4）厂房内物品定置摆放合理。

3.2.4　三室卫生控制措施

（1）室内地面、台面干净，无痰迹、纸屑、烟头等杂物。

（2）室内墙壁、门窗干净，无蜘蛛网、污痕。

（3）仪表盘干净、整洁，无损坏。

（4）电缆沟盖板整洁稳固，电缆沟内无积水、杂物。

（5）室内物品干净整洁，无杂物。

（6）室内设施按定置管理规定摆放。

3.2.5　照明控制措施

各处照明采光通风良好，无裸露线头，照明灯罩固定良好，无积灰。

4　消防

（1）贯彻执行"防消结合、预防为主"的消防方针。

（2）学习消防安全知识，认真执行消防安全管理规定，熟练掌握工作岗位消防安全要求。

（3）坚守岗位，提高消防安全意识，发现火灾应立即报告，并积极参加扑救。

（4）班前、班后认真检查岗位上的消防安全情况，及时发现和消除火灾隐患，自己不能消除的应立即报告。

（5）爱护、保养好本岗位的消防设施、器材。

（6）积极参加消防安全教育、培训、演练，熟练掌握有关消防设施和器材的使用方法，熟知本岗位的火灾危险和防火措施，提高消防安全业务技能和处理事故的能力。

（7）熟悉安全疏散通道和设施，掌握逃生自救的方法。

（8）现场消防器材齐全可靠，取用方便。

（9）氧气瓶、油类、棉纱等易燃、易爆品应分别保管，仓库内严禁烟火。

（10）岗位人员不得私自使用大功率或易发生消防安全事故的电器设备。

（11）严禁使用汽油、易挥发溶剂擦洗设备、工具及地面等。

（12）严禁损坏作业区内各类消防设施。

（13）严禁在防火重点区域内吸烟、动用明火和使用非防爆电器。

（14）"七防"（防火、防雷电、防中毒、防暑降温、防尘、防爆、防洪）用品和设施不准挪用，并进行定期检查和维护。

第 3 节　作 业 标 准

1　作业项目

1.1　精液板式热交换器作业

1.1.1　精液板式热交换器开车准备

（1）检查安全设施是否齐全完好。

（2）板式热交换器投用前必须打压合格，新投用设备打压 1.6MPa 无渗漏，检修设备打压 1.2MPa 无渗漏，进出口阀门应灵活好用，仪表应齐全、显示准确。

（3）板式在新投用或检修后，开车前必须对所连接的管路进行清洗，干净后才能正常投用。

（4）检修投用设备，经岗位人员验收合格后方可投入使用。

（5）检查管道、考克、阀门是否改对，确认管道畅通无阻。

（6）准备好所有原材料、工器具、原始记录，并和相关岗位联系好。

1.1.2　开车步骤

（1）关闭放料阀门。

（2）缓慢打开板式精液、母液相出口阀门，并注意观察压力变化情况，有无渗漏。

（3）联系叶滤开精液泵、细种子沉降开溢流泵，要求缓慢带料。

（4）缓慢打开板式精液、母液相进口阀门，并注意观察压力变化情况，有无渗漏。

（5）观察板式进出口压力是否在要求范围内。

（6）调节精液、母液相压力，使两相压力基本平衡。精液出口温度满足工艺要求。

1.1.3　正常作业

（1）板式在作业过程中要保持压力稳定，两相压力差不能超 0.05MPa。

（2）通过调整精液、母液流量，保证板式出口精液温度符合要求。

（3）根据精液量大小，合理开、停板式换热器。

（4）严防精液、母液、化清液之间相互窜料。

（5）定期倒开板式，每班对停用板式进行碱洗，化清液温度控制在（95±5）℃，浓度 $NK \geqslant 280\text{g/L}$，$p \geqslant 0.15\text{MPa}$。

1.1.4　停车步骤

（1）联系叶滤停精液泵、细种子沉降停溢流泵。

（2）缓慢关闭精液和母液出口管阀门。

（3）缓慢关闭精液和母液进口管阀门。

（4）缓慢打开精液、母液相放料阀，将料放净。

（5）改好并检查流程，启动化学清洗泵，碱洗板式。

（6）联系检修，处理板式存在的问题。

1.1.5　紧急停车及事故处理、汇报

（1）精液泵或溢流泵出现故障，板式热交换器板片压力不平衡，长时间开车可导致板片变形、打垫子，使降温设备损坏。处理办法：应联系相关岗位，迅速将本组或本台板式退出生产流程，关闭精液、母液进出口阀门，打开两相放料阀，将料放净。

（2）如果发现板式压力突然升高，处理时应联系相关岗位，迅速查明原因进行调整，不能立刻解决时要将本组或本台板式退出生产流程，查明原因后再按开车步骤投入生产。

1.1.6　板式碱洗

（1）联系排盐苛化岗位送强碱液，向化学清洗槽通蒸汽加热，加热温度要求（95±5）℃。

（2）倒好洗板式流程，启动化学清洗泵，逐台单相清洗板式，每相碱洗一个班，每班倒洗另一相。

（3）当化清液 $\alpha_K \leqslant 3.0$ 或 $NK < 280\text{g/L}$ 时，及时更换化清液。

（4）板式洗完料放干净，备用。

1.2　分解槽作业

1.2.1　分解槽开车准备

（1）检查所有安全设施是否齐全、完好，检查安全警示牌和工作票执行情况，检修工作结束并验收合格。

（2）检查供风流程，外部具备供风条件。

（3）检查提料风管是否畅通无阻，所有风阀门是否灵活好用。

（4）检查所有电气设备绝缘是否合格，计控仪表是否完好、显示准确。

（5）检查减速机的油位是否在上下标线之间。启动小油泵检查润滑系统是否正常。

（6）检查分解槽机械搅拌整体情况，合格后进行空试，无问题后停下搅拌。

（7）分解槽内杂物应清理干净，人孔封好。检查相关阀门开关是否到位，灵活好用。

（8）检查所有分解槽进出口及短路流槽闸板阀开关是否到位，流程正确，流槽杂物清理干净。

（9）工器具应准备齐全。

1.2.2　开车步骤

（1）进料前 5min 启动进料槽搅拌，观察搅拌空转的电流、声音，正常后方可投料。

（2）打开进料流槽闸板阀，扩槽时让部分料浆进入分解槽，另一部分料浆进入下一分解槽。否则短路流槽闸板阀关闭，全部料浆进入投用槽（1 号槽启动细晶种泵，直接进料）。

（3）当液位达到 1.5m 时，适当打开提料风阀（以不堵风管为准，末槽除外）。

（4）安排人员检查分解槽底部人孔、各阀门是否漏料。

（5）不断观察搅拌电流，电流正常时方可继续进料；电流偏高时，通过循环泵倒料到指定的槽子，若倒料后电流仍然偏高应停止进料，安排隔离，启动循环泵拉空槽内存料。

（6）当分解槽体积达到 25m 以上时，适当加大提料风，向下一个分解槽倒料；当槽子体积达到满槽时，调整提料风量，使进出料达到平衡（不出现短路）。

1.2.3　正常作业

（1）及时根据取样分析结果调整分解两系列进料量和立盘过滤机开车台数、产能，使两系列精液量与种子添加量尽量平衡。一般情况下，各系列之间首槽 AO 浓度偏差不大于 5g/L，固含偏差不大于 50g/L。

（2）分解槽缓冲槽体积达到 5m 以上，启动循环泵，调整流量，保持出料槽满液位，保证旋流器沉没泵高效率工作。

（3）加强联系，及时了解精液和原液情况，稳定液量。

（4）每四小时按规定取样一次进行自测分析，取样后半小时内必须读取结果，根据结果进行调整：

1）取样作业：分解两系列取样点：1 号、9 号、14 号槽出口。

2）样缸标志明显，缸体清洁无残渣、污物，缸盖齐全。

3）取样前样缸在料中涮两遍，保证取样的准确性。

4）取固含样要从溶液的中部取，样量为 250mL 左右。取样后要及时盖好缸盖。

5）取样时间：夜班 00：10，4：10；早班 8：10，12：10；中班 16：10，20：10。

（5）班中要对各系列各段首槽、中间槽、出料槽的温度和宽通道、螺旋板式热交换器降温情况准确测量两次，并做好记录。

（6）正常情况下，每两小时要对分解槽运行状况详细地检查一次，以保证分解槽安全、稳定地运行。

（7）对拉槽和放料的槽子必须用液面绳来量体积，以保证交班体积的准确性。

（8）对各班负责的流槽、宽通道和螺旋板式热交换器结疤箱要及时清理，以保证液量正常通过和板式热交换器降温效果。

（9）槽上提料风阀每个白班要活动一次风门，保证阀门畅通、好用。

（10）对各班负责的机械搅拌槽的润滑部位要及时加油。按周期及时更换变速箱润滑油。

（11）清理或疏通流槽等作业过程中，不得往槽内掉结疤，防止造成沉槽。

1.2.4　停车步骤

（1）将短路流槽结疤、杂物等清理干净，打开短路流槽闸板阀，关闭槽进口流槽闸板阀。

（2）加大提料，当料已提不出来时，风阀关小，保持适当通风量（以不堵风管为准）。

（3）关闭分解槽出口流槽闸板阀。

（4）启动循环泵拉空槽内物料。

（5）当槽子拉空后，停分解槽搅拌，关闭提料风阀。

（6）根据槽内结疤情况，安排进行化学清洗：

1）启动化学清洗泵，将化学清洗液通过套管换热器加热后送入待清洗槽，启动分解槽搅拌。

2）测量送入待清洗槽的清洗液温度和液位，并适时调整化学清洗泵输送流量和套管换热器蒸汽通入量，使温度控制在要求范围内。

3）化学清洗液的液位达到要求后，停下化学清洗泵，并放空管、泵内存料。关闭加热蒸汽阀门，卸压，放空管路内存水。

4）取样分析清洗槽内溶液浓度，判断清洗效果。清洗结束后，启动循环泵将清洗液撤至化清槽。料撤空后停分解槽搅拌。

（7）联系检修人员对退出的分解槽进行清理检修。

1.2.5　紧急停车及汇报、处理

（1）分解槽搅拌停车：立即联系电工检查电气，同时岗位人员进行设备检查，找出故障原因，并汇报主操及相关领导。开大提料风阀门加大提料量，并对分解槽进行盘车，防止沉淀。待故障排除后，恢复开车。如若故障不能尽快排除，可能会发生沉槽事故时，安排隔离并撤空该槽。

（2）分解槽高压风停，立即将各槽提料风阀关闭，并汇报主操及相关领导，联系调度中心尽快恢复供风。如条件允许，停止分解系列进料，加大出料，防止尾槽满槽。待高压风恢复时，立即对各槽（关键槽子优先）通风，观察各槽提料情况是否正常。如有提料不正常槽子，应立即采取措施处理，直到正常为止。

（3）分解槽如有沉槽，立即汇报主操和有关领导，停止进料并隔离分解槽。启动循环泵加大出料或放料，直到槽子拉空为止。

（4）发生以下情况时，在搅拌停车后应安排从槽顶下事故风管，进行通风搅拌，减缓沉槽速度：

1）分解槽搅拌必须立即停车或已停车，拉槽流程的槽出料阀不能正常打开或流程、设备不具备拉槽，即将发生沉槽事故。

2）搅拌已停车，生产组织不允许连续撤空全槽物料，即将发生沉槽事故。

1.3　水力旋流器作业

1.3.1　水力旋流器开车准备

（1）检查安全设施是否齐全完好。

（2）接到开车通知后，与相关岗位联系，准备开车。

（3）停车 8h 以上（雨天 4h），必须由电工测量沉没式泵电动机绝缘情况。

（4）检查设备润滑部位润滑情况。检查各连接点、紧固部位的螺栓，松的紧固、缺的补齐。

（5）检查旋流器各个阀门是否开关到位、灵活好用，并改好相关流程。底流和溢流收集箱无结疤、杂物。

（6）检查计控仪表是否齐全完好，显示准确。

1.3.2　开车步骤

（1）启动沉没式泵，将泵的电动机频率调至 10% 以下；如泵出口有阀门，须首先打开出口阀。

（2）联系相关岗位启动旋流器母液泵，打开对应的冲稀母液阀，打开冲稀底流母液管阀门和调整沉没式泵进料液固比的母液管阀门。

（3）调整进料沉没式泵电动机频率，使旋流器进料压力稳定在技术要求范围内。观察泵、旋流器运行情况。

（4）调节旋流器底流冲稀母液量，使底流固含稳定在要求范围内。

（5）调节旋流器进料母液流量，使分级进料密度（固含、L/S）稳定在技术要求范围内。

1.3.3　正常作业

（1）稳定进料压力，通过调整进料泵的电动机频率稳定进料压力。

（2）稳定进料固含，如果固含太高，加大沉没式泵进口母液量；反之则减小。

（3）稳定底流固含，如果固含太高，加大底流冲稀母液量；反之则减小。

（4）根据成品洗涤的进料大小，调整旋流子运行个数，必要时调整旋流器开车台数。

（5）根据氧化铝产品粒度要求，调整成品旋流器压力、固含等条件，使分级效果（粒度分布）达到生产要求。

1.3.4　停车步骤

（1）接到停车通知后，联系相关岗位，做好停车准备。

（2）将沉没式泵电动机频率降低至 10% 以下，关闭旋流器进口母液阀门。

（3）加大底流冲稀母液量，底流管刷管 5min，溢流管视情况也安排进行刷管 5min。

（4）关闭旋流器母液阀等阀门。若其他旋流器未开车或要求全停时，应先通知相关岗位停下母液泵后关闭阀门。

（5）停母液泵，将所有管道中积存的母液放干净。

（6）如果旋流器停车时间较长，则停下旋流器沉没式泵，并将泵吊离分解槽料浆液面，固定摆放好。临时停车，应将泵的电动机频率调至 10% 以下运行，防止料浆将泵淤堵。

（7）旋流器底流不畅发生堵塞要及时隔离清理；旋流子有磨蚀，不能满足技术要求要及时进行更换。

(8) 停完车后，及时通知相关岗位。

1.4　沉没式泵作业

1.4.1　沉没式泵开车准备

(1) 检查安全设施是否齐全完好。

(2) 与相关岗位联系好。

(3) 停车 8h 以上（雨天 4h），必须由电工测量沉没式泵电动机绝缘情况。

(4) 检查流程是否正确，各个阀门是否开关到位、灵活好用。

(5) 检查计控仪表是否齐全完好、显示准确。

(6) 检查设备润滑部位润滑情况。检查各连接点、紧固部位的螺栓，松的紧固、缺的补齐。

1.4.2　开车步骤

(1) 关闭放料阀。

(2) 现场将控制按钮由"零位"打到"远程"。

(3) 若有出口阀，则打开沉没式泵的出料阀；启动泵的电动机，将泵的电动机频率调至 10% 以下。

(4) 电动机运行平稳后，将变频泵控制按钮打到远程，主控室缓慢调节流量至正常。

1.4.3　停车步骤

(1) 主控室将沉没式泵的电动机频率调至 10% 以下，用母液涮沉没泵及相关设备 10min。

(2) 主控室停电动机，现场将控制按钮打到"零位"。

(3) 待沉没式泵停止转动后，打开放料阀，料放尽后关闭沉没式泵出口阀。

(4) 若长时间不再投用，则拆除电动机和泵出口管，将沉没式泵吊离分解槽料浆液面，固定摆放好。临时停车时，将沉没式泵的电动机频率调至 10% 以下运行，防止料浆将泵淤堵。

1.5　宽通道板式、螺旋板式热交换器

1.5.1　宽通道板式、螺旋板式热交换器开车准备

(1) 检查安全设施是否齐全完好。

(2) 与相关岗位联系好。

(3) 宽通道板式热交换器投用前必须打压合格，新投用设备打压 1.0MPa 无渗漏，检修设备打压 0.8MPa 无渗漏，进出口阀门应灵活好用，检查仪表、控制系统是否好用。

(4) 板式热交换器在新投用或检修后，开车前必须对所连接的管路进行清洗，待管路冲洗干净后再投用。新检修设备经岗位人员验收合格后方可投入使用。

(5) 检查管道、插板、阀门是否改对，保证流程正确畅通。

1.5.2　开车步骤

(1) 开车原则：先进料，后进水。

(2) 关闭放料阀，（如有出口阀）打开沉没式泵出口阀。

（3）变频泵控制按钮打到"远程"，主控室启动沉没式泵。主控室缓慢调节流量至正常。

（4）关闭水相放料阀，缓慢打开冷却水出口阀、进口阀，调节流量稳定在要求范围内。

（5）运行中，应该始终保持板侧压力大于管侧压力；如果管侧压力大于板侧压力，则其压差不得超过 0.2MPa。

1.5.3　正常作业

（1）全面检查设备有无泄漏、有无螺丝松动等现象。

（2）注意保持两侧介质流量达到设计要求。

（3）努力保证板侧介质流量等于或接近设计流量。

（4）定期记录两侧介质流量、进出口温度、压力，及时了解浆液出口温度和压降的变化，如果压降值波动，有增大的趋势或浆液出口温度过高，应及时调整。

1.5.4　停车步骤

（1）关闭水相进出口阀门，打开放料阀放空存水。

（2）主控室将沉没式泵的电动机频率调至 10% 以下，现场打开母液冲洗阀用母液涮泵及宽流道/螺旋板式换热器，10min 后关闭母液冲洗阀并放料。

（3）主控室停电动机，现场将控制按钮打到"零位"，关闭泵的出口阀。

（4）若长时间不再投用，则拆除泵出口管，将泵吊离分解槽料浆液面，固定摆放好。临时停车时，将泵的电动机频率调至 10% 以下运行，防止料浆将泵淤堵。

1.6　离心泵作业标准

1.6.1　离心泵开车准备

（1）检查安全设施是否齐全完好。

（2）联系电工检查电气绝缘。

（3）检查各润滑点油质、油量是否符合要求。

（4）检查槽存料位是否满足开泵要求。

（5）手动盘车两圈以上。

（6）打开密封冷却水，检查水压、水量是否正常。

1.6.2　开车步骤

（1）非变频泵：关闭放料阀，打开泵出口阀；启动主电动机；缓慢打开泵进口阀门，逐渐提高电流（或流量）至要求范围。

（2）变频泵：关闭放料阀，打开泵出口阀；启动主电动机频率调至 10% 以下；打开泵进口阀门，逐渐提高泵转速，使电流（或流量）达到要求范围。

1.6.3　正常作业

（1）检查泵有无杂音，泵体振动是否偏大。

（2）检查泵轴承温度（夏季低于 70℃，冬季低于 60℃）。

（3）检查密封无漏水漏料现象。

（4）检查泵润滑情况。

（5）检查泵上料情况。

1.6.4 停车步骤

（1）非变频泵料浆泵：将槽液位拉低，关闭槽出口阀门；打开高压水（母液）阀门，冲洗管道 5 ~ 10min，关闭高压水（母液）阀门；打开放料阀门，停泵放料；关闭泵密封冷却水。

（2）非变频泵溶液泵：将槽液位拉低，停泵倒料数分钟后，关闭槽出口阀门；打开放料阀门放空存料；关闭泵密封冷却水。

（3）变频泵料浆泵：将槽液位拉低，关闭槽出口阀门；打开高压水（母液）阀门，冲洗管道 5 ~ 10min，关闭高压水（母液）阀门；打开放料阀门，缓慢降低泵转速，料放完以后停泵；关闭泵密封冷却水。

（4）变频泵溶液泵：将槽液位拉低，缓慢降低泵转速，关闭槽出口阀门；打开放料阀门，料放完以后停泵；关闭泵密封冷却水。

1.6.5 倒泵作业

倒泵前应将槽液位拉低，具有一定的缓冲空间，倒泵作业要根据具体的流程物料特点和泵配置情况进行作业。原则是先开后停。

（1）单泵单管情况：按离心泵作业标准启动备用泵；正常运行后，停待停泵。

（2）多泵共用出口管情况：

1）非变频泵：

①关闭备用泵放料阀，启动电动机。

②缓慢打开备用泵出口阀。缓慢关闭待停泵进口阀，同时缓慢打开备用泵进口阀门，开关时要相互配合好，避免冒槽和出口流量过大造成打垫子。

③缓慢关闭待停泵出口阀，打开放料阀，料放完后停泵。

2）变频泵：

①关闭备用泵放料阀，启动电动机频率调至10%以下，先打开备用泵进口阀，再逐步打开出口阀。

②缓慢降低待停泵的电动机频率（直至10%以下），逐渐提高备用泵电动机频率（至正常运行），提、降频率要相互配合好，避免冒槽和出口流量过大造成打垫子。

③缓慢关闭待停泵出口阀，电动机频率降至10%以下，关闭待停泵进口阀，打开放料阀，料放完后停泵。

1.7 巡检作业及巡检路线

1.7.1 精液板式热交换站巡检作业

（1）对检查中发现的问题，要立即处理，不能处理的，应尽快通知主操。

（2）对运行不正常及新投用的设备要增加巡检的次数。巡查要求仔细认真。

（3）检查精液、母液两相的压力，不得超过 0.45MPa（4.5kg/cm²），两相压力差不得超过 0.05MPa（0.5kg/cm²）。

（4）详细检查每台板式热交换器精液相和母液相流程改动方向是否正确。

（5）检查板式热交换器是否有渗料、漏料现象，阀门是否灵活好用、有无窜料。

（6）检查板式热交换器出口温度是否正常，计控仪表是否完好、显示准确。

（7）检查化学清洗槽的液位情况，要保持2/3以上，严防打空泵。检查碱洗温度是否在(95 ±5)℃范围内。

（8）检查化学清洗泵运转声音及振动情况是否正常；电机温度、电流指示、轴承温度是否正常；螺栓紧固、泵及管道阀门密封等是否正常。电动机温升不得超过铭牌规定。轴承温度：滚动轴承夏季低于70℃、冬季低于60℃。

（9）检查板式热交换器碱洗情况，化清液压力、回流状况是否良好。

（10）检查母液浮游物是否超标。超标要及时通知种子过滤岗位查找原因并调整。

1.7.2　精液板式巡检路线

操作室→精液板式热交换器一楼北→板式→精液板式热交换器一楼南→化清槽→化清泵→精液板式热交换器二楼北→精液板式热交换器二楼南→操作室

1.7.3　分解分级巡检作业

（1）对检查中发现的问题，要立即处理，不能处理的，应尽快通知主操。

（2）对运行不正常及新投用的设备要增加巡检的次数。巡查要求认真仔细。

（3）注意观察分解槽机械搅拌运转情况，风压、各槽温度、尾槽液位、中间降温幅度等情况是否在规定范围之内。

（4）分解槽每4h测量一次分解槽出料温度；每2h检查一次分解槽运行情况。

（5）分解槽巡检内容：

1）检查机械搅拌的运行情况，检查搅拌电动机及减速机的温度是否在规定范围之内。如油温超过80℃，应立即通知主操，联系相关人员前来检查。

2）检查润滑油压力、温度等仪表监控设备接线是否有松动等异常情况。

3）检查减速机及搅拌是否有异常振动及杂音。

4）检查减速机的油位是否在上下标线之间。

5）检查润滑油泵的压力是否在要求条件之内（$p \leqslant 0.08\text{MPa}$，主控制室内控制盘上油压信号显示正常）。

6）检查润滑油的过滤压差不大于0.2MPa，现场表盘显示蓝色。如显示红色，切换使用另一个过滤器，把较脏的过滤器卸下，用汽油或清洁剂冲洗并干燥，再安装上。

7）检查运转过程中润滑系统各油管、接头及减速机各密封面是否有漏油、渗油现象。

8）检查各槽液面及出料情况是否正常，确保温度梯度正常，尾槽温度符合要求。

9）检测精液量与种子量是否均衡，如不正常，通知种子过滤岗位进行调整。

10）检查各槽进出料量是否平衡，提料是否正常，流槽有无冒槽、漏料等现象。

（6）宽通道板式、螺旋板式热交换器：

1）检查中间降温设备的运行情况是否正常。

2）检查板式热交换器的过料量及降温情况是否正常。

3）每2h对设备进行一次全面点检。

4）减速机运转时在第一次用油500~800h后更换油，其后每3年更换一次。

5）减速机长期停车时，大约每3个星期将减速机启动一次；停车时间超过6个月，要在里面添加保护剂。

6）油滤器每3个月或润滑油压力明显增高时及时倒备用，并安排清理。

7）减速机润滑油不得加注不同型号的油，不得混合使用。

8）发现减速机有异常杂音和振动明显加大的现象，必要时应立即停车，查明原因，排除故障后再恢复开车。

9）循环泵等皮带传动的设备，在设备启动、运行、停车等过程中要进行皮带松紧、磨损情况的检查。发现问题要及时联系处理。

10）检查套管换热器有无泄漏、振动，蒸汽通入量是否合适，冷凝水是否合格。

1.7.4　巡检路线

分解槽下巡检路线：操作室→尾槽循环泵→大、小化清泵→套管换热器→操作室

分解槽上巡检路线：操作室→Ⅰ组首槽→Ⅰ组中间降温→Ⅰ组旋流器→Ⅰ组尾槽→Ⅱ组尾槽→Ⅱ组旋流器→Ⅱ组中间降温→Ⅱ组首槽→操作室

2　常见问题及处理办法

2.1　板式热交换器（表1-3）

表1-3　板式热交换器常见生产事故分级判断及处理

序号	故障名称	故　障　原　因	处　理　方　法
1	板式刺料	两相压力差太大	调整到0.05MPa以内
		压力过高，超压	适当降低压力
		板式胶垫老化	停车隔开，交检修处理
		板式、蝶阀或管道堵塞	用热水反冲洗
		开车时进料阀门开得太猛	缓慢打开进料阀
2	板式窜料	流程没有改对	改对流程
		蝶阀关不严或坏	更换蝶阀
		板片坏或漏	停车隔开，交检修处理

2.2　分解槽（表1-4）

表1-4　分解槽常见生产事故分级判断及处理

序号	故障名称	故　障　原　因	处　理　方　法
1	提料不正常，堵塞	分解槽长时间液面低	减小提料量
		分解槽长时间溢流	提高风压，开大提料风阀
		料浓	降低槽内固含
		提料管堵	隔槽拉空处理
		风阀坏、堵	更换或清理阀门
		风管堵、破	更换风管
2	冒槽	进料量太大	减少进料量
		流槽淤料	及时疏通
		流槽结疤较多，杂物掉物堵塞	清理结疤，清除杂物
		末槽出料管堵	检查清理
		因旋流分级沉没式泵跳停，末槽体积上升过快	联系处理沉没式泵故障，恢复开车，加大出料量
3	沉淀	固含高、搅拌负荷重	隔离，清理检修
		电器、机械故障	

2.3 旋流器（表 1-5）

表 1-5　旋流器常见生产事故分级判断及处理

序号	故障名称	故 障 原 因	处 理 方 法
1	旋流器进料压力小	泵打料小或叶轮磨损、叶道结疤	重新启动或对泵检修
		进料管堵	清理进料管
		分解槽液面过低，沉没式泵喂料不足	保持槽内满液位
2	旋流器分级效果差	进料压力小或波动大	调整进料压力，保持稳定
		进料固含太高	调整母液配入量，稳定固含
		旋流器内衬磨损	更换内衬
		沉砂嘴磨损	更换沉砂嘴
3	旋流器底流管堵	底料固含过高	重新开车时注意调整底流母液配入量，稳定固含
		管道结疤、结疤箱堵	清理管道
		底流嘴等杂物进入底流管	停车清理杂物

2.4 宽通道、螺旋板式（表 1-6）

表 1-6　宽通道、螺旋板式常见生产事故分级判断及处理

序号	故障名称	故 障 原 因	处 理 方 法
1	板式降温效果差	泵不打料	检查泵有无问题，液面保持满槽
		循环水小、水压低	开关循环水进出阀门或增开循环水泵
		板式料相结疤、水相结垢严重	安排碱洗、酸洗
		管道堵	清理管道
		水温高	增开冷却塔风机，降低水温
2	板式窜料	流程没有改对	改对流程
		蝶阀关不严或坏	更换蝶阀
		循环水碱度升高	板片磨漏交检修处理或更换
		分解槽料浆浓度降低，循环水补水量大	
3	冲洗母液管堵	冲洗板式蝶阀窜料	关严或换新蝶阀，清理管道
		母液浮游物高	清理管道，并降低母液浮游物含量
		母液管长时间没有放料	冲洗板式后要放尽存料

2.5 离心泵（表 1-7）

表 1-7　离心泵常见生产事故分级判断及处理

序号	故障名称	故 障 原 因	处 理 方 法
1	轴承发热	缺油、油变质	加适量油或换油
		转动部位装配不好，轴中心不正	检修处理
		轴承磨损	更换轴承

序号	故障名称	故障原因	处理方法
2	电动机、泵振动有响声	装配不好，中心不正零件磨损严重	检查处理
		地脚螺栓松动	紧固地脚螺栓
		泵内有杂物	清理泵内杂物
		泵进料少	加大进料量
3	泵打不上料或料量小	槽（池）液位低或泵进出口管道堵塞	补液位或清理管道
		进料液固比太小（固含太高）	加大液相量或减少滤饼添加量
		叶轮磨损、脱落或堵塞	更换或清理叶轮
		进出口阀（包括槽出口阀）开度太小、堵塞或损坏	开大阀门、清理阀门或更换阀门
		进出口阀门改错	改正阀门
		盘根漏料严重	压紧或更换盘根
		放料阀未关严	关严放料阀
		泵的转向不对	联系电工处理
		电动机单相转速低	联系电工处理
4	水泵内部声音反常，水泵不吸水	进水阀门没有打开	打开进水阀门
		进水量太小	增加水流量
		泵内有杂物	清除泵内杂物
		在吸水处有空气渗入	处理漏气点
5	泵跳停	机械电器故障	联系电工处理
		负荷过大	适当降低进料量
		泵内进入杂物	清理、检修
6	泵打垫子	进料阀门开得太大太猛	保护好电器设施，关闭进口阀门停泵放料，处理好后重新开车
		出口管堵塞或结疤严重	清理（洗）出口管
		出口阀门开得太小或阀板脱落	开大阀门，更换阀门

第 4 节　质量技术标准

Al(OH)$_3$ 粒度（−45μm）：7% ~ 8%　　　　高压风、仪表风压力≥0.6MPa

精液浮游物≤0.015g/L　　　　　　　　　循环上水温度：冬季≤28℃，夏季≤35℃

母液 α_K≥2.80　　　　　　　　　　　　首槽温度：57 ~ 61℃

拜耳法种分分解率≥49%　　　　　　　　末槽温度：46 ~ 49℃

碱洗碱液浓度≥280g/L　　　　　　　　　分解槽固含：600 ~ 700g/L

低压风压力≥0.15MPa　　　　　　　　　分解时间≥42h

第 5 节　设　备

1　设备、槽罐明细表

1.1　精液板式热交换器（表 1-8）

表 1-8　精液板式热交换器设备名称及技术规格

序号	设 备 名 称	技 术 规 格	数量
1	板式换热器	$F = 300 \text{m}^2$	8
2	化学清洗槽	$\phi 6000 \times 6000$	1
3	化学清洗泵	型号：SEH150-500，$Q = 320 \text{m}^3/\text{h}$，$H = 66 \text{m}$，机械密封，相对密度：1.1，温度：95℃，NaOH 浓度：280g/L	1
	附：电动机	$N = 132 \text{kW}$	1
4	化学清洗泵	型号：ZBG200-150-500，$Q = 420 \text{m}^3/\text{h}$，$H = 75 \text{m}$，机械密封，相对密度：1.1，温度：95℃，NaOH 浓度：280g/L	1
	附：电动机	$N = 132 \text{kW}$	1
5	污水槽	$\phi 3000 \times 3000$，物料成分：铝酸钠溶液，相对密度：1.4；固含：50g/L，带搅拌，要求搅拌均匀，不沉淀	1
	附：搅拌及驱动装置	$N = 4 \text{kW}$	1
6	立式污水泵	型号：JLZ100-350，$Q = 150 \text{m}^3/\text{h}$，$H = 37 \text{m}$，$D = 1500 \text{mm}$，$L = 1300 \text{mm}$，浆料相对密度：1.2	1
	附：电动机	$N = 55 \text{kW}$	1
7	管道过滤器	DN300，$p = 0.8 \text{MPa}$	8

1.2　分解分级（表 1-9）

表 1-9　分解分级设备及技术规格

序号	设 备 名 称	技 术 规 格	数量
1	分解槽	$\phi 14000 \times 32000$，物料成分：浆料相对密度：1.6～1.7，固含：500g/L，Na_2O 浓度：150g/L，设备带搅拌，要求搅拌均匀，不沉淀	30
	附：电动机	$N = 90 \text{kW}$	30
	附：减速机	型号：ML4PVSF110，使用系数：2.84，转速：1480/7.64r/min	30
	附：润滑电动机	DFV112M/OS2，$N = 4 \text{kW}$，IP55	30
2	小循环泵	型号：LC250/580T，$Q = 600 \text{m}^3/\text{h}$，$H = 42 \text{m}$，浆料相对密度：1.6～1.7，固含：500g/L，Na_2O 浓度：150g/L	2
	附：电动机	$N = 200 \text{kW}$	2

序号	设 备 名 称	技 术 规 格	数量
3	大循环泵	LC250/580T，$Q=800\text{m}^3/\text{h}$，$H=56\text{m}$，浆料相对密度：$1.6\sim1.7$，固含：500g/L，Na_2O浓度：150g/L	4
	附：电动机	$N=355\text{kW}$	4
4	成品水力旋流器	$Q=250\text{m}^3/\text{h}$，$\phi100\times30$，浆料相对密度：$1.6\sim1.7$，物料固含：$500\sim700\text{g/L}$，Na_2O浓度：150g/L	4
5	成品沉没式变速泵	PLC200/410T，$Q=250\text{m}^3/\text{h}$，$H=20\text{m}$，立式、直联，沉没深度1498mm	4
	附：电动机	ABB变频电动机，$N=45\text{kW}$，IP55	4
6	电动葫芦	型号：MD1 10-42D，$Q=10\text{t}$，$H=42\text{m}$ 4绳，$JC=25\%$，地面操纵	8
	附：起升电动机	$N=1.5\text{kW}$	8
	附：起升电动机	$N=13\text{kW}$	8
	附：运行电动机	$N=0.8\text{kW}$	8
7	碱洗槽	$\phi14000\times33000$，带搅拌设计，不安装搅拌	1
8	大碱洗泵	型号：SEH250-500B，$Q=800\text{m}^3/\text{h}$，$H=59\text{m}$，Na_2O浓度320g/L	1
	附：电动机	$N=200\text{kW}$	1
9	小碱洗泵	型号：SEH100-400C，$Q=100\text{m}^3/\text{h}$，$H=40\text{m}$，Na_2O 240g/L	1
	附：电动机	$N=37\text{kW}$	1
10	I段宽通道板式换热器	全焊接式 USP 型，$F=250\text{m}^2$，额定温降为4℃	6
11	I段浸泡式变速泵	型号：PLC250/430T，$Q=440\text{m}^3/\text{h}$，$H=20\text{m}$，变频调速立式、直联，沉没深度1510mm，浆料相对密度：1.4，固含：300g/L，Na_2O浓度：180g/L	6
	附：电动机	ABB变频电动机，$N=75\text{kW}$，IP54	6
12	II段耐磨螺旋板换热器	$F=250\text{m}^2$，板厚5mm，设计压力1.0MPa，流量372m^3/h，平均温降12.7℃	10
13	II段中间降温沉没式变速泵	型号：PLC250/430T，$Q=390\text{m}^3/\text{h}$，$H=20\text{m}$，设计压力1.0MPa，温度：120℃	10
	附：电动机	YPT315S-6-V1，$N=75\text{KW}$，IP54，F转速985，频率50Hz，机械密封，$\eta=93.8$，$I=141.7\text{A}$，$U=\triangle380\text{V}$，$\cos\phi=0.86$	10
14	电梯	DF20货梯，1.0m/s，$Q=2\text{t}$，$H=36\text{m}$，5站5层5门	1
15	冷凝水罐	$\phi2000\times3000$，0.6MPa	1
16	流槽闸门	$B=900\text{mm}$，$H=800\text{mm}$	106
17	单套管换热器	DN350/200，153m^2	1
18	安全污水槽	$\phi6000\times6000$，浆料相对密度：1.6，物料固含：700g/L，带搅拌，要求不沉淀	1
	附：搅拌电动机	减速机型号：SEW RF137，33r/min，$N=15\text{kW}$	1
19	立式污水泵	型号：JLZ125-405，$Q=300\text{m}^3/\text{h}$，$H=42\text{m}$，填料密封，浆料相对密度：1.2，$D=1500\text{mm}$，$L=2500\text{mm}^3$	1
	附：电动机	$N=110\text{kW}$，1450r/min，IP54	1

2　主要设备

2.1　总则

2.1.1　设备润滑

（1）按周期检查设备附带的油站或油箱油标、油杯油量。

（2）按照设备润滑"六定"管理制度，并根据设备油量指标适当补充润滑油。

定点：确定每台设备的润滑部位和润滑点。

定质：各润滑点按指定的润滑油和油脂牌号加油。

定量：各润滑点按规定的油量加油。

定期：各润滑点按规定的时间取样化验、加油、换油和清洗储油箱。

定人：明确每个润滑点加油、换油责任者。

定法：定加油方法。

（3）设备补充润滑油时，做到"三清洁"。三清洁：油具、油箱、管路三清洁。

（4）润滑油补充完后，要及时清洁润滑点及环境卫生。

（5）设备润滑部分要密封好，防止异物进入（如水、料等）使润滑油变质，影响设备使用寿命。

（6）润滑油要"三级过滤"，即进入油箱、油具及加油点的油都必须层层过滤。

（7）给运行设备加油时，要站稳，防止滑倒，油具不能触碰运转部位，以确保人身安全。

2.1.2　设备点检

（1）设备点检标准的基本内容包括以下几点：

点检位置：确定每台设备所要点检的点（定点）。

点检项目：确定检查的项目（定项）。

点检周期：本次与上次点检的时间差（定期）。

点检方法：点检时所用的方法（定法）。

点检分工：各级点检人员要明确分工（定人）。

判断标准：对所点检设备的状况进行明确的规定（什么为正常、什么为不正常）（定标）。

（2）设备点检是利用人体的感官或简单的仪器对设备进行检查，主要有以下方法：

看：通过视觉判断运行设备一些外部特征有无明显异常变化，如剧烈振动、冒烟，紧固件是否松动、磨损、严重变形、泄漏，颜色变化等。

摸：通过手的触感对运行设备的一些温度变化、轻微振动等现象进行判断，电气设备不能用湿手和手心触摸，应该用手背；温度明显太高的设备不能用手去摸。

听：用听觉去感受声音的变化，对运行设备的机械摩擦、齿轮啮合情况、机械破损、皮带松弛等异常声音进行判断。

闻：用嗅觉去感受是否有异味，以判断设备是否有故障。如设备在运行中轴承、盘根等因缺油、缺水造成的焦煳味，电气设备温度过高时产生的异味。

测：利用仪器进行检测，使用的工具通常有测温仪、测振仪、测速仪、电流表、CO报警器。

2.1.3　设备的维护要求

设备维护要做到一懂、二定、三好、四会。

一懂：懂设备规格、构造、性能、使用范围及在生产中的作用。

二定：定人、定员职责。

三好：管好、用好、修好。

四会：会使用、会保养、会检查、会排除一般故障。

2.2　板式换热器

2.2.1　工作原理

板式热交换器传热机理是依据热力学定律"热量总是由高温物体自发地传向低温物体，两种流体存在温度差，就必然有热量进行传递"。

板式热交换器是由许多压制成型的波纹金属薄板片按一定的间隔，四周通过垫片密封，并通过框架和夹紧螺栓副进行压紧制成的换热设备。板片上装有密封垫片，板片和垫片的四个角孔形成了流体的分配管和汇集管，并引导冷热流体交替地流至各自的通道内。温度较高的流体通过换热板片将热量传递给温度较低的流体，温度较高的流体被冷却，温度较低的流体被加热，进而实现两种流体换热的目的。

2.2.2　设备的结构组成

精液板式热交换器结构包括固定压紧板、上导杆、支柱、垫片、板片、活动压紧板、下导杆、夹紧螺栓、导向垫圈、夹紧螺母等。

2.2.3　设备点检标准（表 1-10）

表 1-10　设备点检标准

项　目	内　容	标　准	方　法	周期/h
导向垫圈	密　封	无泄漏	听、看	2
连接管件	垫　片	无泄漏	听、看	2
	阀门盘根	无泄漏	听、看	2
紧固部位	螺　栓	紧固无松脱	摸、看	2

2.2.4　设备维护标准

（1）清扫（表 1-11）。

表 1-11　清扫标准及工具

部　位	标　准	工　具	周期/h
板　式	见本色	水、破布	24

（2）定期对板式热交换器进行碱洗，保持流道畅通。

（3）运行中：按点检标准检查。

（4）停车后：及时处理运行中存在的问题。

2.2.5　设备完好标准

（1）基础稳固，无裂纹、倾斜、腐蚀。

（2）基础、支架坚固完整，连接牢固，无松动、断裂、腐蚀、脱落现象。

（3）板式热交换器无严重倾斜、变形。

（4）各零部件完整无缺。

（5）各零部件无一缺少。

（6）板式热交换器各零部件没有损坏，不变形，材质、强度符合设计要求。

（7）板式热交换器管道的冲蚀、腐蚀在允许范围内。

（8）运转正常，无跑、冒、滴、漏现象。

（9）各法兰、人孔、观察孔密封良好，无泄漏。

（10）进出料管道畅通，阀门开关灵活。

（11）仪器、仪表和安全防护装置齐全、灵敏可靠。

2.3　螺旋板式热交换器

2.3.1　工作原理

螺旋板式热交换器由两张钢板卷制而成，形成了两个均匀的螺旋通道。在壳体上的接管采用切向结构，两种不同温度传热流体分别在各自的螺旋通道进行全逆流流动，温度较高的流体通过换热板片将热量传递给温度较低的流体，温度较高的流体被冷却，温度较低的流体被加热，进而实现两种流体换热的目的。

2.3.2　设备的结构组成

螺旋板式热交换器结构包括板式螺旋体、流体进出接口、支架等。

2.3.3　设备点检标准

参见 2.2.3。

2.3.4　设备维护标准

参见 2.2.4。

2.3.5　设备完好标准

参见 2.2.5。

2.4　宽通道焊接式板式换热器

2.4.1　工作原理

宽通道焊接式板式换热器属于间壁式换热器，换热器的结构形式采用了宽窄通道的组合模式，宽流道走物料，窄流道走冷却介质。通常情况下宽通道侧构成的流体通道称为板程，窄通道侧构成的流体通道称为管程。板程和管程分别通过两种不同温度的流体时，温度较高的流体通过换热板片将热量传递给温度较低的流体，温度较高的流体被冷却，温度较低的流体被加热，进而实现两种流体换热的目的。

2.4.2　设备的结构组成

宽通道焊接式板式换热器是一种板片采用焊接方式制造的板式换热器，换热器由板束、导流管箱、缓冲管箱、压紧板、夹紧螺栓、法兰盖板及支座等主要元件构成。板束是传热核心，其中板片作为导热元件，决定换热器的热力性能。管箱、压紧板、夹紧螺栓主要决定换热器的承压能力及作业运行的安全可靠性。

2.4.3　设备点检标准

参见 2.2.3。

2.4.4　设备维护标准

参见 2.2.4。

2.4.5　设备完好标准

参见 2.2.5。

2.5　机械搅拌分解槽

2.5.1　工作原理

电动机通过减速机带动槽子的中心轴旋转，安装在中心轴上的桨叶在旋转过程中起到对料浆搅拌的作用。铝酸钠溶液和氢氧化铝晶种混合后进入分解槽，在搅拌桨叶和折流板的作用下使氢氧化铝晶种能在铝酸钠溶液中保持悬浮状态，以保证种子与溶液有良好的接触；另外，还使溶液的扩散速度加快，保持溶液浓度均匀，破坏溶液的稳定性，加速铝酸钠溶液的分解，并能使氢氧化铝晶体均匀长大，同时也防止了氢氧化铝的沉淀。

进入分解槽的料浆利用槽体容积，停留一段时间进行分解。之后利用空气升液器的原理由提料管排出。即压缩空气沿风管不断进入提料管内，在提料管下部形成密度小于管外浆液的气、固、液三相混合物。利用提料管内外浆液密度不同造成的压力差，使浆液不断沿提料管内部向上运动至出口流槽，通过流槽进入下一分解槽。

2.5.2　设备的结构组成

机械搅拌分解槽结构包括电动机、槽体、减速机、中心轴、桨叶、底瓦、折流板、提料管及风管、流槽、人孔、底部出料口等。

2.5.3　设备润滑标准（表 1-12）

表 1-12　设备润滑标准

润 滑 部 位	润 滑 油	润 滑 方 式
减速机齿轮箱	VG320	自动强制润滑

2.5.4　设备点检标准（表 1-13）

表 1-13　设备点检标准

项　目	内　容	标　准	方　法	周期/h
电动机	电流	正　常	看	2
	温度	<60℃	摸、测	2
	声音	无杂音	听	2
减速机	润滑	良　好	看	2
	声音	无杂音	听	2
	油位	油标上下标线之间	看	2
地脚	螺栓	紧固无松脱	摸、看	2

2.5.5　设备维护标准

（1）清扫（表 1-14）。

表 1-14　清扫标准

部　位	标　准	工　具	周期/h
减速机	见本色	水、破布	24
电动机	见本色	破布	24

（2）开车前：要先盘车，检查润滑油量，测电动机绝缘。

（3）运行中：按点检标准检查。

（4）停车后：及时处理运行中存在的问题。

（5）润滑：减速机运转时在第一次用油 500~800h 后更换油，以后每 3 年更换一次。

（6）减速机长期停车时，大约每 3 个星期将减速机启动一次；停车时间超过 6 个月时，要在里面添加保护剂。

2.5.6　设备完好标准

（1）基础稳固，无裂纹、倾斜、腐蚀。

1）基础、支架坚固完整，连接牢固，无松动、断裂、腐蚀、脱落现象。

2）槽体无严重倾斜。

（2）各零部件完整无缺。

1）各零部件无一缺少。

2）槽体内外各零部件没有损坏，不变形，材质、强度符合设计要求。

3）槽体、管道的冲蚀、腐蚀在允许范围内。

4）保温层完整，机体整洁。

（3）运转正常，无跑、冒、滴、漏现象。

1）各法兰、人孔、观察孔密封良好，无泄漏。

2）进出料管道畅通，阀门开关灵活。

（4）仪器、仪表和安全防护装置齐全、灵敏可靠。

2.6　其他搅拌槽

2.6.1　工作原理

电动机通过减速机带动槽子的中心轴旋转，安装在中心轴上的桨叶在旋转过程中起到对料浆搅拌的作用，使固体物料在溶液中保持悬浮状态，防止固体物料发生沉淀。

2.6.2　设备的结构组成

搅拌槽结构包括电动机、减速机、槽体、中心轴、桨叶、底瓦、人孔、进出料口等。

2.6.3　设备润滑标准（表 1-15）

表 1-15　设备润滑标准

润 滑 部 位	润 滑 油	润 滑 方 式
减速机齿轮箱	VG320	自动强制润滑
轴　承	2 号锂基脂	停槽、电动机中修

2.6.4　设备点检标准（表 1-16）

表 1-16　设备点检标准

项　目	内　容	标　准	方　法	周期/h
电动机	电　流	正常	看	1
	温　度	<60℃	摸、测	1
	声　音	无杂音	听	1

项　目	内　容	标　准	方　法	周期/h
减速机	润　滑	良　好	看	1
	声　音	无杂音	听	1
	油　位	油标上下标线之间	看	1
地　脚	螺　栓	紧固无松脱	摸、看	1

2.6.5　设备维护标准

（1）清扫（表 1-17）。

表 1-17　清扫标准及工具

部　位	标　准	工　具	周期/h
减速机	见本色	水、破布	24
电动机	见本色	破　布	24

（2）开车前：要先盘车，检查润滑油量，测电动机绝缘情况。

（3）运行中：按点检标准检查。

（4）停车后：及时处理运行中存在的问题。

（5）润滑：减速机运转时在第一次用油 500～800h 后更换油，以后每 3 年更换一次。

（6）减速机长期停车时，大约每 3 个星期将减速机启动一次；停车时间超过 6 个月时，要在里面添加保护剂。

2.6.6　设备完好标准

（1）基础稳固，无裂纹、倾斜、腐蚀。

1）基础、支架坚固完整，连接牢固，无松动、断裂、腐蚀、脱落现象。

2）槽体无严重倾斜。

（2）各零部件完整无缺。

1）各零部件无一缺少。

2）槽体内外各零部件没有损坏，不变形，材质、强度符合设计要求。

3）槽体、管道的冲蚀、腐蚀在允许范围内。

4）保温层完整，机体整洁。

（3）运转正常，无跑、冒、滴、漏现象。

1）各法兰、人孔、观察孔密封良好，无泄漏。

2）进出料管道畅通，阀门开关灵活。

（4）仪器、仪表和安全防护装置齐全、灵敏可靠。

2.7　非搅拌槽

2.7.1　工作原理

利用槽体容积盛装物料，起储存、缓冲、倒料作用。槽体的部分结构性能、辅助设施完成特定的功能（如加热、液固分离、气液分离）。

2.7.2　设备的结构组成

非搅拌槽结构包括槽体、人孔、进出料口、观察孔等。

2.7.3　设备点检标准（表1-18）

表1-18　设备点检标准

项　目	内　容	标　准	方　法	周期/h
槽　体	各焊缝	无泄漏	听、看	2
阀门、人孔	垫子	无泄漏	听、看	2
	阀门盘根、管道	无泄漏	听、看	2
紧固部位	螺栓	紧固无松脱	摸、看	2

2.7.4　设备维护标准

（1）清理：槽内无结疤、杂物等。

（2）卫生：槽体干净，无结疤、杂物等。

2.7.5　设备完好标准

（1）基础稳固，无裂纹、倾斜、腐蚀。

1）基础、支架坚固完整，连接牢固，无松动、断裂、腐蚀、脱落现象。

2）槽体无严重倾斜。

（2）各零部件完整无缺。

1）各零部件无一缺少。

2）槽体内外各零部件没有损坏，不变形，材质、强度符合设计要求。

3）槽体、管道的冲蚀、腐蚀在允许范围内。

4）保温层完整，机体整洁。

（3）运转正常，无跑、冒、滴、漏现象。

1）各法兰、人孔、观察孔密封良好，无泄漏。

2）进出料管道畅通，阀门开关灵活。

（4）仪器、仪表和安全防护装置齐全、灵敏可靠。

2.8　水力旋流器

2.8.1　工作原理

水力旋流器是由上部筒体和下部锥体两大部分组成的非运动型分离设备，其分离原理是离心沉降。待分离的料浆（非均相固液混合物）以一定的压力从旋流器周边进入旋流器后被迫做回转运动，由于其受到的离心力、向心浮力、流体曳力等大小不同，料浆中的固体粗颗粒克服水力（液体）阻力向器壁运动，并在自身重力的共同作用下，沿器壁螺旋向下运动；细而小的颗粒及大部分水（液体）则因所受的离心力小，未及靠近器壁即随料浆做回转运动。在后续给料的推动下，颗粒粒径由中心向器壁越来越大，形成分层排列。随着料浆从旋流器的柱体部分流向锥体部分，流动断面越来越小，在外层料浆收缩压迫之下，含有大量细小颗粒的内层料浆不得不改变方向，转而向上运动，形成内旋流，自溢流管排出，成为溢流；粗大颗粒则继续沿器壁螺旋向下运动，形成外旋流，最终由底流口排出，成为沉砂，从而达到分离分级的目的。

2.8.2　设备的结构组成

水力旋流器结构包括进液分配器、旋流子、溢流管、上部溢流储存箱、底流收集箱、压力表等。

2.8.3　设备点检标准

(1) 目测检查旋流器部件总体磨损情况。

(2) 检查溢流管，应无泄漏。

(3) 检查喉管，应无泄漏。

(4) 检查吸入管、锥管、锥体管扩展器，应无泄漏。

(5) 检查入口管，应无泄漏。

(6) 压力表显示准确。

(7) 振动轻微。

2.8.4　设备维护标准

(1) 旋流器工作过程中，要保持给料压力和给料浓度的稳定，保证较高的分级效果。

(2) 阀门定期开关活动，溢流箱、底流槽、管道结疤定期清洗。

(3) 压力表定期进行校验，清扫表盘，保证显示准确。

(4) 根据工艺要求，当旋流子磨损量达到影响分级效果时安排更换。

2.8.5　设备完好标准

(1) 基础稳固，无裂纹、倾斜、腐蚀。

1) 基础、支架坚固完整，连接牢固，无松动、断裂、腐蚀、脱落现象。

2) 无严重倾斜。

(2) 各零部件完整无缺。

1) 各零部件无一缺少。

2) 各零部件没有损坏，不变形，材质、强度符合设计要求。

3) 槽体、管道的冲蚀、导向轮腐蚀在允许范围内。

4) 机体整洁。

(3) 运转正常，无跑、冒、滴、漏现象。

1) 各法兰、人孔、观察孔密封良好，无泄漏。

2) 进出料管道畅通，阀门开关灵活。

(4) 仪器、仪表和安全防护装置齐全、灵敏可靠。

2.9　离心泵

2.9.1　工作原理

当电动机带动转子高速旋转时，充满在泵体内的液体在离心力的作用下，从叶轮中心被抛向叶轮的边缘，在此过程中，液体就获得了能量，提高了静压能，同时增大了流速，一般可达 15～25m/s，即液体的动能也有所增加，液体离开叶轮进入泵壳。由于泵壳中流道逐渐加宽，故液体的流速逐渐降低，将一部分动能转变为静压能，使泵出口处液体的压强进一步提高，于是液体便以较高的压强，从泵的排出口进入排出管路，输送至所需场所。同时，由于液体从叶轮中心被抛向外缘，它的中心处就形成了低压区，而进料槽液面上的压强大于泵吸入口处的压强，在压力差的作用下，液体经吸入管路连续地被吸入泵内，以补充被排出液体的位置。当叶轮不断地旋转时，液体就不断地从叶轮中心吸入，并以一定的压强不断排出。

2.9.2　设备的结构组成

离心泵的结构包括电动机、叶轮、泵壳、泵轴、吸液室、压液室、填料函、密封环、油箱、联轴器、托架等。

2.9.3　设备润滑标准（表1-19）

表1-19　设备润滑标准

给油脂部位	润滑方式	油脂名称	油量/mL	周　期	备　注
轴承体	手注	3号钙基脂	20/40	4h	油脂润滑
轴承体	手注	N42（冬季）或N46（夏季）	油标油线位置	适当补充	稀油润滑

2.9.4　设备点检标准（表1-20）

表1-20　设备点检标准

项　目	部　件	内　容	标　准	方　法	周期/h
泵　体	密　封	是否泄漏	泄漏量<4L/h	看	2
		冷却水	适　量	看	2
	轴承及对轮	温　度	夏季<70℃ 冬季<60℃	摸、测	2
		润　滑	油质、油量合格	看	2
		声　音	无杂音	听	2
		振　动	无异常	看、摸、测	2
	紧固件	有无松动	无松动	测	2
	泵　壳	有无裂缝	无裂缝	看	2
		泄　漏	无泄漏	看	2
		振　动	无异常	摸	2
	叶　轮	声　音	无异常	听	2
		振　动	无异常	看	2
	地脚螺栓	紧　固	齐全、牢固	看、测	2
电动机	机　体	温　度	夏季<70℃ 冬季<60℃	摸、测	2
		声　音	无异常	听	2
	控制箱	电　流	小于额定值，无波动	看	2
法兰阀门			无漏料	看、听	2

2.9.5　设备维护标准

（1）启动前应检查泵轴转动是否灵活，叶轮与护板间是否有摩擦，叶轮与泵壳之间有无异物。必须检查轴承润滑情况，脂润滑不得加脂过多，以免轴承发热。油润滑的油液面不得高于或低于油尺规定界限。

（2）泵必须在规定负荷范围内运行，运行中应该掌握泵的运行情况，并对进口阀门或电动机调频做适当调节。运行中如发现杂音，应检查原因，加以解决。轴承的温度一般冬季应低于60℃，夏季应低于70℃。启动前密封要通以冷却水，并控制水量，运转过程中，不允许出现断水等现象。应经常检查润滑油情况，是否含水、起沫及有无异物，保持润滑油清洁，及时进行补油或更换润滑油。经常保持设备卫生。

（3）停泵后应排除泵内积料，以免杂质颗粒沉积堵泵，长期停用的泵应妥善保养，以免锈蚀。

（4）备用泵应每周转动 1/4 圈，以使轴承均匀地承受静载荷及外部振动。

（5）经常检查泵的紧固情况，连接应牢固可靠。

2.9.6　设备完好标准

（1）基础稳固，无裂纹、倾斜、腐蚀。

1）基础、轴承座坚固完整，连接牢固，无松动断裂、腐蚀、脱落现象。

2）机座倾斜小于 0.1mm/m。

（2）零部件完整无缺。

1）各零部件无一缺少。

2）各零部件完整、没有损坏，材质、强度符合设计要求。

3）轴承、轴、轴套、叶轮、护板等装配间隙、磨损极限和密封性符合检修规程规定。

4）机体整洁。

（3）运转正常。

1）润滑良好，油具齐全，油路畅通，油位、油温符合规定。

2）油量、油质符合规定。

3）各部件调整、紧固良好，运转平稳，无异常响声、振动和窜动。

4）阀门、考克开闭灵活，工作可靠。

5）各部件配合间隙符合要求。

6）轴承温度不超过允许值。

7）无明显跑、冒、滴、漏现象。

8）电动机及其他电气设施运行正常。

（4）机器仪表和安全防护装置齐全，灵敏可靠。

1）电流表、阀门等装置完整无缺，动作准确，灵敏可靠。

2）阀门等开关指示方向明确。

（5）达到铭牌或核定能力，泵的排量应符合规定要求。

2.10　污水槽

2.10.1　工作原理

污水槽附近地面的污水及其他槽内的污水通过污水沟汇集到槽内，电动机通过减速齿轮带动轴和搅拌装置对污水进行搅拌，防止沉淀，液下污水泵再将污水打到所需的地方。

2.10.2　设备的结构组成

污水槽的结构包括电动机、减速机、主轴、槽体、搅拌装置等。

2.10.3　设备润滑标准（表 1-21）

表 1-21　设备润滑标准

润滑部位	润滑方式	润滑油	周　期
齿轮和下部轴承	油池润滑	环境温度 >38℃，采用 N320 号中极压齿轮润滑油； 环境温度 <38℃，采用 N220 号中极压齿轮润滑油； 环境温度 <0℃，应在开机前将润滑油预热至 10℃以上	连　续

润滑部位	润滑方式	润滑油	周　期
上部轴承	脂润滑	2 号锂基脂	每周适当补充，半年检查一次，清除老化的润滑脂，更换新油

2.10.4　设备点检标准（表1-22）

表1-22　设备点检标准

项　目	内　容	标　准	方　法	周期/h
电动机	电　流	正常，不波动	看	2
	温　度	夏 <70℃，冬 <60℃	摸、测	2
	声　音	无异常	听	2
减速机	油　位	适　中	看	2
	声　音	无杂音	听	2
皮带轮	数　量	不　缺	看	2
	安全罩	配　齐	看	2
	松　紧	适　中	看	2
轴　承	润　滑	油质、油量合格	看	2
	温　度	<60℃	摸、测	2
	声　音	无异常	听	2
	振　动	正　常	听、摸、测	2
地脚螺栓	紧　固	紧固，无松脱	听、摸、测	2

2.10.5　设备维护标准

（1）减速机初次加油后，运转 300~500h 应重新清洗换油；以后每运转 6 个月换油一次。

（2）减速机在运转中要注意观察油位、温升和声响是否正常，电流是否稳定。及时补充或更换润滑油，补脂时注意不要充满所有空间。发现异常，应及时排除，不得带病运行。

（3）经常检查紧固件是否有松动，密封件是否有渗漏，发现问题及时排除。

（4）每年定时解体检查各易损件的磨损情况、轴承间隙及润滑情况，消除隐患。

（5）搅拌器每年检查一次，检查桨叶磨损情况，磨损严重及时更换。

（6）皮带磨损后，更换皮带时应全部换。

2.10.6　设备完好标准

（1）基础稳固，无裂纹、倾斜、腐蚀。

1）基础、轴承座坚固完整，连接牢固，无松动断裂、腐蚀、脱落现象。

2）机座倾斜小于 0.1mm/m。

（2）零部件完整无缺。

1）各零部件无一缺少。

2）各零部件完整、没有损坏，材质、强度符合设计要求。

3）轴承、轴、轴套、叶轮、护板等装配间隙、磨损极限和密封性符合检修规程规定。

4）机体整洁。

（3）运转正常。

1）润滑良好，油具齐全，油路畅通，油位、油温符合规定。

2）油量、油质符合规定。

3）各部件调整、紧固良好，运转平稳，无异常响声、振动和窜动。

4）阀门、考克开闭灵活，工作可靠。

5）各部件配合间隙符合要求。

6）轴承温度不超过允许值。

7）无明显跑、冒、滴、漏现象。

8）电动机及其他电气设施运行正常。

（4）机器仪表和安全防护装置齐全，灵敏可靠。

1）电流表、阀门等装置完整无缺，动作准确，灵敏可靠。

2）阀门等开关指示方向明确。

（5）达到铭牌或核定能力，泵的排量应符合规定要求。

2.11　电梯

2.11.1　工作原理

曳引绳两端分别与轿厢和对重相连，并缠绕在曳引轮和导向轮上，曳引电动机通过减速器变速后带动曳引轮转动，靠曳引绳与曳引轮摩擦产生的牵引力实现轿厢和对重的升降运动，达到运输目的。固定在轿厢上的导靴可以沿着安装在建筑物井道墙体上的固定导轨往复升降运动，防止轿厢在运行中偏斜或摆动。常闭块式制动器在电动机工作时松闸，使电梯运转，在失电情况下制动，使轿厢停止升降，并在指定层站上维持其静止状态，供人员和货物出入。轿厢是运载乘客或其他载荷的箱体部件，对重用来平衡轿厢载荷、减少电动机功率。补偿装置用来补偿曳引绳运动中的张力和重量变化，使曳引电动机负载稳定，轿厢得以准确停靠。电气系统实现对电梯运动的控制，同时完成选层、平层、测速、照明工作。指示呼叫系统随时显示轿厢的运动方向和所在楼层位置。安全装置保证着电梯运行安全。

2.11.2　设备的结构组成

电梯结构包括曳引系统（由曳引钢丝绳、导向轮、反绳轮等组成）、导向系统（由导轨、导靴、导轨架组成）、轿厢（由轿厢架和轿厢体等组成）、门系统（由轿厢门、层门、开门机、门锁装置等组成）、重量平衡系统（由对重和重量补偿装置等组成）、电力拖动系统（由曳引电动机、供电系统、速度反馈装置、电动机调速装置等组成）、电气控制系统（由操纵装置、位置显示装置、控制屏（柜）、平层装置、选层器等组成）、安全保护系统等。

2.11.3　设备润滑标准

电梯应当至少每 15 日进行一次清洁、润滑、调整和检查。电梯设备中需要润滑的部位较多，主要有曳引齿轮箱、钢丝绳、导轨、液压缓冲器和轿门机等部件。

齿曳引机的减速齿轮箱用油通常选择黏度为 VG320 和 VG460 的蜗轮蜗杆齿轮油。钢丝绳的润滑一般需用专门的钢缆油或钢丝绳专用油脂。导轨润滑剂一般常用 32 号、68 号导轨油或46号、68号机油。电动机轴承和其他轴承的润滑目前多选用极压复合锂基润滑脂。电梯液压缓冲器一般选择 L-HM 抗磨液压油。

2.11.4　设备点检标准

（1）日检。

1）目测外观有无异常。

2）检查电器控制、报警状况是否异常。

3）检查电子门锁、机械锁是否灵活好用。

4）检查安全装置是否完好。

5）检查曳引装置是否正常。

6）检查安全门安全窗是否完好。

7）检查润滑系统是否正常。

8）轿厢内外应清洁。

（2）周检。检查厅外及操作盘各按钮、开关、指示灯，电梯上下运行性能、舒适感、平层精度、层门、轿门、自动门机构，安全触板、门锁装置、机房减速机运转平稳，无振动、杂音；轴承温升不高于60℃，润滑油温不高于85℃，渗漏油不超过 $15cm^2/h$；制动器动作灵活，机房照明正常，门窗、灭火器完好，无漏雨渗水，室温在 5～40℃，彻底清洁机房各部位卫生。

（3）月检。制动器制动时制动轮与制动瓦应抱合紧密，松闸时两侧间隙一致且不超过0.7mm；线圈温升不超过60℃，制动轮、制动弹簧无裂纹，各紧固连接螺栓无松动，曳引电动机贮油槽油位、油色正常，用皮风箱吹净电动机内部积尘；轴承温度不高于80℃，限速器无异常声响，清除夹绳钳上异物，安全钳拉杆工作正常，安全钳楔块与导轨间隙 2～3mm，动作灵活无锈蚀，导轨导靴衬磨损情况在允许范围内，曳引绳张力一致，绳头组合装置无异常，电气设备工作正常，无异常声响、气味；清洁接触器、继电器等各电气元件上应无灰尘；检查接触器触头，机械联锁装置动作可靠。

（4）季检。检查电动机轴与蜗杆连接的不同心度，刚性连接应小于0.02mm，弹性连接应小于0.1mm，制动轮径向跳动应不超过 1/3000，蜗杆推力轴承磨损在允许范围内，紧固曳引机各部位连接件，制动器制动带磨损不允许超过 1/4 厚度或铆钉无露出，直流电动机炭刷压力保持在 0.15～0.25kg/cm²，层门、轿门下端面与地坎间隙不小于4mm，检查门导靴，清洁门电动机内炭屑并检查炭刷和换向器工作状况，检查轿门联门牵引装置，门锁和安全触板接触状况。检查曳引绳断丝情况（均匀或集中断丝），选层器传动钢带应无断齿、裂痕，各连接螺栓应无松动，触头接触应可靠。缓冲器弹簧应无锈蚀、裂纹、变形；油压缓冲器柱塞应涂油防锈，紧固件应无松动、过热，井道内管线、电缆应无异常。底坑清洁卫生。

（5）年检。

1）清洗曳引机轴承，加注钙基脂。减速箱油质变稀应更换，并用煤油清洗。曳引机绝缘电阻应大于 0.5MΩ。检查曳引轮绳槽磨损状况，当绳与轮槽底边的间隙不大于 1mm时绳轮槽须重车。对轿厢门和层门进行全面检查，校正变形的层轿门，更换磨损严重的吊门滚轮，清洗润滑门连动装置的轴承，修整门锁开关，检查调整自动门机构，更换门电动机电刷，修整门限位开关、缓速开关。检查导轨架、导轨压板、导轨连接板，紧固连接螺栓。检查对重装置、平衡支架，应坚固无松动；紧固对重轮轴卡板螺栓及各部位连接螺栓。

2）电气设备进行全面详细检查；更换寿命到期的各种接触器、继电器、开关等电气元件，检查电气设备绝缘耐压必须大于 1000V，动力线路不小于 0.5MΩ，其他电路 0.25MΩ，电路电压在 25V 以下除外，检查电气设备外壳接地接零装置，接地电阻应小于 4Ω。

2.11.5　设备维护标准

（1）每天对电梯及机房进行清理、整顿，使之卫生洁净，无脏物、杂物堆放在机房和轿厢内。

（2）对电梯的安全装置（安全钳、限速器、缓冲器和极限装置）必须做到每天检查，一有问题务必及时通知检修部门修理。

（3）每天对电梯门机械锁和电子锁进行检查（即双保险是否都自动启用）。

（4）每天对电器的保护装置、信号系统、报警系统进行一次检查。

（5）每周对机房的电梯曳引器应进行一次检查（导向轮、减速器和钢丝绳或液压系统），发现问题立即停机检查、修复，杜绝"带病"作业。对润滑系统必须在开机前认真检查，检查各部位机油、黄油是否缺量。

（6）每周应详细检查电梯提升至层门自动停止时的高低差是否在规定范围内。

（7）驾驶员应对日常维护工作做好记录。

2.11.6　设备完好标准

（1）起重能力

1）电梯起重能力应能达到设计要求。

2）每年按要求进行一次静、动、超负荷试验并有记录资料。

（2）平层准确度

轿厢的平层准确度应不大于 ±30mm。

交流电梯的额定速度为 1.00m/s。

（3）安全装置

1）安全装置齐全，必须有以下安全装置：

①超速保护装置。

②撞底缓冲装置。

③超越上下极限位置的保护装置。

④厅门锁与轿厢门电器联锁装置。

⑤对三相交流电源应设断电保护装置。

⑥遇停电或电气系统故障时，应有轿厢慢速移动的措施。

⑦各安全装置均处于正常工作状态，限速器安全钳、电器联锁装置及超程极限保护装置应有试验记录可查。

2）门电气的速度、减速和停止符合机械要求，安全触板等保护装置灵敏可靠。

（4）操纵系统

1）电梯运行时轿箱内无剧烈振动和冲击。

2）电梯升降速度符合使用说明书要求。

3）指令、召唤、选层定向、程序转换、开车、截车、停车、平层等功能准确无误，声光信号显示清晰准确。

（5）主要零部件

1）曳引机：

①曳引机运行平稳，无异常振动和噪声，润滑良好，温升正常。

②制动装置安全可靠，主要零部件无严重磨损。松闸时两侧闸瓦应同时离开制动轮表面，其间隙不大于0.7mm；闸瓦与转动轮的松紧应以轿厢静载试验无溜车，电梯启、制动时轿厢无冲击为宜。

③电梯运行时，制动器动作应灵敏可靠，闸瓦与制动轮不应摩擦，线圈的温升不超过60℃。

2）曳引绳和绳头组合：

①钢丝绳内不应有交错和折弯的钢丝。钢丝表面也不应有凹陷、锈蚀、压扁、碰伤或切伤等缺陷。

②钢丝绳检验和报废按照《起重机钢丝绳保养、维护、安装、检验和报废》（GB/T 5972—2009）执行。

③钢丝绳的股不应塌入和凸起，绳内钢丝或股均应松紧一致，各钢丝或股间允许有均匀的间隙，主钢丝绳在曳引轮槽中高低误差不大于1mm。

④绳头组合的拉伸强度不应低于钢丝绳的拉伸强度，绳头在锥套中应牢固，无松动、脱出现象。绳头弹簧应保证其机械性能，无疲劳或断裂现象。

3）安全钳：

①在达到限速器动作速度时，安全钳应能夹紧导轨而使装有额定载荷的轿厢制停并保证静止。轿厢两边安全钳应同时发生作用，在载荷均匀分布的情况下，安全钳作业时轿厢地板的倾斜不应超过其正常位置的5%，限速器动作速度整定后，可调部位应有铅封。

②安全钳楔块面与导轨工作表面间隙为2~3mm，而且两面均匀。

4）导轨：

①每根轿厢导轨工作面对铅垂线的偏差，每5m不应超过0.7mm，相互偏差在整个高度上不应超过1mm，在导轨工作表面的接头处应当平整，若有台阶，不能大于0.05mm。

②导轨应支撑坚固，一切紧固螺栓应无松动脱落现象，表面毛糙或安全钳作用的损伤均应修光。

（6）其他主要零部件。电梯的轿厢和轿厢门、厅门和门锁、对重装置等部件均应灵活可靠、润滑良好，符合相应技术要求。

（7）电气系统：

1）所有开关、按钮、调节旋钮应标明其操作位置或调节方向。

2）轿箱内或轿厢顶的检修开关和非自动复位急停开关应工作正常。

3）电气设备的一切金属外壳必须采取保护性接地，并符合电气设备接地装置有关规定的要求。

4）电气系统绝缘电阻大于0.5MΩ。

5）电气装置齐全可靠，接触器、继电器等应符合电梯连续工作启、制动频繁的要求，轿厢内及轿厢顶的电器和电子装置应能承受 2.5g 的冲击加速度。

第 6 节　现场应急处置

1　分解系统停电应急预案

（1）一旦发生停电，现场人员应沉着、冷静，落实清楚停电场所；并报告主控室，告知事故地点、事故程度，并告知自己的姓名及联系电话。

（2）主控室接到报告后，立即向调度中心和区域应急救援指挥部汇报，并及时将指令传达至轮班成员，同时通知区域电工。

（3）区域应急救援指挥部接到报警后，应迅速查明停电原因、停电部位和有无人员伤亡情况，下达按应急救援预案现场处置措施进行处置的指令，提出补救或抢险的其他具体措施，并向上级部门汇报；同时组织救援人员迅速赶往事故现场。

（4）现场处置措施

1）发现停电时，尽快向调度中心和区域负责人进行汇报，并询问停电原因、预计恢复时间，做好相关记录。

2）现场总指挥统一调度人员，分配工作。由主控室统一指挥。

3）联系调度中心安排停精液，精液板式热交换器停车，防止细晶种槽冒槽。

4）组织人员对各台机械搅拌槽进行盘车，并对各槽提料风阀进行控制，直到关闭，防止尾槽冒槽。如果大面积停电，且恢复供电时间较长，则应集中力量对关键槽子搅拌进行连续盘车。

5）组织人员对各台晶种槽、溢流槽搅拌进行盘车。

6）所有粗、细晶种泵关闭槽出口阀，如高压水供水正常，用高压水冲刷管道，根据现场情况安排是否放料；如高压水无法正常供水，则安排放料。各泵浦设备、管道的放料不应造成新的事故发生，坚持有利于事故处理结束后迅速恢复生产的原则。

7）溢流泵、细种子沉降槽底流泵、循环泵关闭槽出料阀，如高压水供水正常，用高压水冲刷管道，根据现场情况安排是否放料；如高压水无法正常供水，则安排放料。

8）组织人员将过滤机沉淀冲净，尽快达到备开。

9）关闭母液槽、细种子沉降溢流槽出口阀门。根据现场情况安排管道是否放料。

10）当来电时，关键槽子搅拌优先启动。迅速将其余各台分解机械搅拌槽进行点动，并启动。

11）迅速将各台晶种槽、溢流槽、细种子沉降槽搅拌进行点动，并启动。

12）迅速启动细种子沉降槽底流泵，打循环。

13）迅速启动污水槽搅拌，启动污水泵，将污水打尽。

14）联系叶滤送精液，按分解系统开车和各岗位作业标准逐步恢复生产。

15）如有分解机械搅拌槽不能正常启动，应隔离，安排加装事故风管，通风搅拌。槽下开启大循环泵，应尽快拉空存料，安排清理检修。

16）如有晶种槽、溢流槽、细种子沉降槽搅拌已不能正常启动，应隔离，尽快拉（放）空存料，安排人员清理检修。

17）如有污水槽搅拌不能正常启动，应隔离，拉空存料，安排人员清理检修。

18）如有泵浦设备不能正常启动，倒用备用泵，安排人员清理检修。

19）如有发生堵管，倒用备用流程，安排人员清理检修。

20）对停电波及的岗位，应对设备状况、生产损失进行仔细排查，出现的问题和事故造成的遗留问题上报区域负责人，由区域进行统一安排处理并上报公司。

21）对事故进行分析，完善应急管理机制和处置措施。

2　冒槽应急预案

（1）主控室人员在正常作业中须密切关注相关槽类设备液位。

（2）相关槽类设备液位出现异常波动时，要及时联系巡检工现场测量槽存。

（3）对于槽类设备液位长时间没有变化的情况，须及时通知巡检工现场检查槽存。根据检查情况联系计控室人员检查处理。

（4）发生冒槽事故后，巡检工应现场远距离查看冒槽情况，及时向主控室、主操汇报。

（5）当班主操应迅速确定冒槽对作业区生产以及槽子周边设备、设施的影响，初步确定处理措施。

（6）及时联系上下游岗位，告知现场情况，要求其做好应急措施，防止事故范围扩大。

（7）向区域及调度中心汇报现场情况，认真执行调度中心指令。

（8）现场处置措施

1）主控室及时汇报调度中心，通知相应的上下游岗位，安排平衡液量。

2）必要时减少或切断该槽子进料，加大出料，确保在最短的时间内使冒槽停止。

3）在突发事故情况下出现冒槽，经过以上处理后仍然出现冒槽物料进入外排水系统，必须马上汇报调度中心，由公司安排向外排水系统中加酸中和；同时，向安全环保部汇报，对外排水系统做好取样监控，直至加酸后外排水呈中性为止。

3　放射源相关事故应急预案

3.1　放射源泄漏事故应急预案

（1）计控专业人员检测到放射源泄漏时，要马上通知设备部。

（2）设备部马上通知公司主管领导。

（3）设备部负责人、区域安全员需立即与计控专业人员沟通，由计控专业技术人员确定安全范围。由区域安排标出安全区域，计控人员设置警戒标志，防止人员进入。

（4）由计控人员对泄漏的放射源妥善进行处理。

（5）泄漏放射源处理完毕后，要及时撤除警戒标志，恢复现场正常状态。

（6）泄漏放射源处理完毕后，计控人员需对放射源泄漏的原因做出明确的分析结果，并采取防护措施。

3.2　辐射伤害事故应急预案

（1）发生辐射伤害时，应急救援人员应首先封闭现场，设置警戒区域，禁止人员随意出入，同时报告公司设备部、调度中心、安全环保部等单位及相关人员。

（2）由主控室联系计控专业人员及相关部门关闭或控制放射源。

（3）受到辐射伤害的人员立即由急救中心组织处理。

（4）由计控专业人员指挥清理现场，对垃圾进行专业处理。

3.3　放射源丢失、被盗事故应急预案

（1）区域人员、计控专业人员检查发现放射源丢失后，应立即通知公司设备部，由设备部通报安全环保部、保卫部。

（2）区域及计控专业人员及时保护现场，严防人为破坏。

（3）区域、设备部主管人员协助有关部门查找线索，积极寻找丢失、被盗放射源，及时破案、找回放射源。

（4）详细记录事故经过及处理情况，填写事故报告。

（5）按照规定对事故责任者进行考核。

4　分解槽沉槽事故应急预案

（1）发生沉槽事故时，主控室人员应及时联系汇报作业区值班人员、作业区领导及生产运行部。

（2）值班长安排岗位人员隔槽，并开大提料风将槽内料浆转移至下一个运行槽。

（3）检查槽下撤料流程及备用槽备用情况。

（4）组织岗位人员对事故槽安装事故风管，减缓事故槽内料浆沉积速度。

（5）退槽流程准备完毕后，开启大循环泵将事故槽内料浆转移至备用槽或事故槽的前一个槽内。

（6）待大循环泵撤完槽内料浆后，往事故槽注入 5~6m 母液，重新开启大循环泵撤料，如此反复 3 次后用母液刷大循环泵及大循环管放料。

（7）通过人孔门放料阀放完槽内存料后，安排施工方打开人孔门，对搅拌底瓦及电气系统进行检修。

（8）检修完成，确认搅拌空试无异常后封事故槽人孔门，使槽子备用。

第 2 章　排盐苛化岗位作业标准

第 1 节　岗位概况

1　工作任务

负责将强制效蒸发母液进行沉降分离，底流送过滤机进行液固分离，滤饼加热水溶解后送苛化槽，添加石灰乳进行苛化，苛化后的浆液再送苛化泥沉降槽沉降分离，溢流送调配，底流送赤泥沉降；负责将强碱液送往全厂各化清点。

2　工艺原理

排盐苛化原理：母液经强制效进一步浓缩到 320g/L 左右，碳酸钠溶解度随着溶液碱浓度的升高急剧下降。当碳酸钠超过其平衡浓度时，Na_2CO_3 即自溶液中结晶析出，在盐沉降槽中浓缩，溢流进入强碱液槽，底流经立盘真空过滤机分离。过滤得到的苏打滤饼用热水溶解，进入苛化槽与石灰乳混合，加热搅拌发生如下反应：

$$Na_2CO_3 + Ca(OH)_2 \Longrightarrow 2NaOH + CaCO_3\downarrow$$

苛化泥经沉降后，底流送沉降作业区，溢流送循环母液调配槽。

3　工艺流程

蒸发送来的含盐溶液进入盐沉降槽，底流经排盐立盘过滤机过滤，滤饼用热水溶解，再与石灰乳混合在苛化槽加热进行苛化反应。苛化槽出料送入苛化泥沉降槽浓缩，底流外送到赤泥沉降区，溢流即苛化液送往循环母液调配槽参与循环母液调配。盐沉降槽溢流与排盐过滤机滤液进入强碱液槽，分别送到循环母液调配槽和分解化学清洗槽。

补碱设施将外来液碱进行贮存，及时向流程中补充液碱。循环水降温由 2 台 $3200m^3/h$ 逆流式玻璃钢冷却塔组成，以满足水温要求。

图 2-1 为循环母液调配流程图。

图 2-2 为排盐苛化工艺流程图。

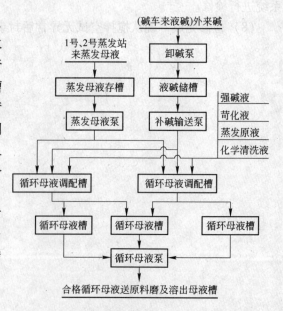

图 2-1　循环母液调配及液碱储存流程

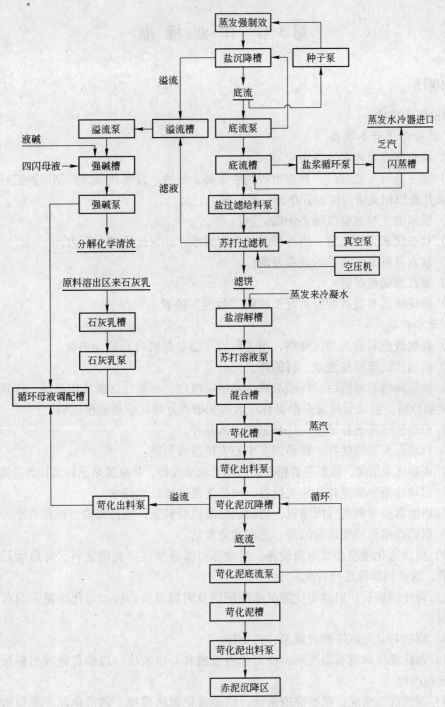

图 2-2　排盐苛化工艺流程

第 2 节　安全、职业健康、环境、消防

参见第 1 章第 2 节。

第3节　作　业　标　准

1　作业项目

1.1　排盐苛化作业

1.1.1　排盐苛化开车准备

（1）检查安全设施是否齐全完好。

（2）接主操开车通知后，检查流程是否正确、畅通，设备仪表及控制回路完好，关闭各放料阀并通知相关岗位做好开车准备并回复。

（3）联系电工检查电气设备绝缘。

（4）检查仪表是否正常，给各种泵加入密封水，并保证冷却水压力。

（5）检查各种泵润滑油的油质及油位。

（6）蒸汽管通汽暖管。

（7）将现场所有设备的控制开关转到"远程"位置。

1.1.2　开车步骤

（1）强制效出料进入盐沉降槽，当进料后（盖过耙机时）启动耙机。

（2）启动盐沉降槽底流泵，打循环。

（3）盐沉降槽有溢流后，待溢流槽达到一定液位，开泵往强碱液槽送料。待强碱液槽达到一定液位后，启动强碱液泵向循环母液调配槽或分解化学清理槽送料。

（4）启动盐沉降槽种子泵，往强制效加入晶种。

（5）启动石灰乳槽搅拌，联系调度中心安排送石灰乳。

（6）观察底流情况，根据底流密度，启动底流槽搅拌，将底流泵出料流程改进底流槽。

（7）启动盐溶解槽搅拌及相关设备，向盐立盘过滤机送热水。

（8）启动真空泵和空气压缩机，启动盐过滤机给料泵，安排排盐过滤机开车。

（9）启动盐浆循环泵进行闪蒸，乏汽送蒸发站。

（10）启动苛化槽搅拌及附属设备。启动苏打溶液泵往苛化槽送料，并启动石灰乳泵加石灰乳，通蒸汽加热进行苛化。

（11）苛化结束后，启动苛化泥沉降槽耙机及附属设备。启动苛化出料泵向苛化泥沉降槽出料。

（12）启动苛化泥沉降槽底流泵，打循环。

（13）苛化泥沉降槽有溢流后，待苛化溢流槽有一定液位，启动苛化液出料泵向循环母液调配槽送料。

（14）观察底流情况，根据底流密度，启动苛化泥槽搅拌，将苛化泥底流泵出料流程改进苛化泥槽。

（15）联系调度中心安排向赤泥沉降区送苛化泥，得到确认后启动苛化泥出料泵送料。

1.1.3　正常作业

（1）每小时巡检一次，检查相关泵浦设备、仪表是否运行正常。槽存液位、物料流量是否在控制范围内。

（2）排盐岗位每两小时做一次记录。

（3）重点观察沉降槽的运行情况，注意弹簧压缩及电动机电流，视情况及时安排底流放料或提升耙机。

（4）需经常了解种子泵的运行情况，根据主控室的指令及时调整种子量。

（5）观察沉降槽的进料情况，避免溢流跑浑。

（6）认真检查各搅拌的运行情况，发现问题及时汇报主控室并积极处理。

（7）稳定排盐过滤机的液位，检查滤布有无破损、发硬等情况。

1.1.4　停车步骤

（1）接到停车指令后，联系蒸发站停止向沉降槽进料，种子泵用水刷管后停泵放料。

（2）根据过滤机情况，加大盐沉降槽底流泵的出料，直至过滤机无滤饼时，关闭盐沉降槽底流出料阀门，用水刷底流泵管道后，停泵放料。盐过滤机给料泵、盐浆循环泵刷管后停泵放料。

（3）停真空泵、空压机。

（4）过滤机放料，水洗后停车放料。

（5）停送热水，盐溶解槽拉空后停苏打溶液泵。

（6）联系调度中心停送石灰乳。停石灰乳泵，放料。

（7）将苛化槽依次拉空，放料。

（8）将苛化泥沉降槽底流适当拉大，直至拉空后停沉降槽耙机，底流泵过水后停泵放料。

（9）苛化泥底流槽拉空后停搅拌，苛化泥出料泵过水后停泵放料。

（10）将强碱槽拉空放料。

（11）各泵停后均应放料。

1.2　排盐过滤机作业

1.2.1　排盐过滤机开车步骤

（1）检查安全设施是否齐全完好，检查排盐过滤机系统是否具备开车条件。

（2）启动真空泵、空压机。

（3）将真空受液槽阀门打开少许，使滤布吸附在扇板上，以免夹带结晶盐。

（4）关闭滤浆槽放料阀，启动立盘过滤机，通知底流送料。

（5）待滤浆槽液面达到 2/3 以上时，逐渐开大真空阀门。

（6）打开吹风阀，调整立盘吹风量至大小合适。

（7）稳定滤浆槽液位以保证滤饼含水率。

（8）控制喷液水量。

1.2.2　排盐过滤机停车步骤

（1）停苏打给料泵，停止向过滤机进料。

（2）待浆液槽液面降到 1/2 以下液面时，关闭真空和吹风阀门，停真空泵、空压机。

（3）打开放料阀，将过滤机滤浆槽内料放净。

（4）放料完后，用水将扇板、刮刀、浆液槽、溢流槽冲洗干净。

（5）将立盘过滤机停下。

（6）将设备及环境卫生清理干净。

1.3　真空泵（及空压机）作业

1.3.1　真空泵（及空压机）开车准备

（1）检查安全设施是否齐全。

（2）与相关岗位联系好。

（3）检查电动机绝缘是否合格且泵盘车是否轻松。

（4）检查泵进水阀开关是否灵活到位，供水是否正常。

（5）检查设备润滑是否良好。

（6）检查地脚螺栓是否紧固，皮带松紧度是否合适。

1.3.2　开车步骤

（1）从进水管道注入清水，冲洗泵腔 10min，同时用手盘车，然后放出泵内污水，继续注入清水。

（2）打开进气辅助阀门（关闭空压机进气阀门），关闭放水阀。

（3）启动电动机。

（4）打开进气阀门，同时关闭进气辅助阀门。

（5）调节进水压力，直至达到要求，使真空度（或风压）正常。

（6）调节空压机出口空气罐排水阀，使空气罐水位正常。

（7）在运转过程中，注意调节填料压盖的松紧程度，以滴水不连线为准。

1.3.3　停车步骤

（1）打开进气辅助阀。

（2）关闭进水阀，打开空气罐排水阀。

（3）停电动机，将控制按钮打到零位。

（4）放出泵内积水，并经常盘车。

1.4　碱液调配、液碱储存作业

1.4.1　调配方法

（1）蒸发母液槽存应有 1/2 槽以上，可使其 NK 浓度相对稳定。

（2）蒸发原液槽存应有 1/2 以上，可使 NK 浓度相对稳定。

（3）液碱槽存应有 1/2 以上，可使其 NK 浓度相对稳定。

（4）设定原液 NK 为 $NK_{原}$，母液 NK 为 $NK_{母}$，强碱液 NK 为 $NK_{强}$，苛化液 NK 为 $NK_{苛}$，液碱 NK 为 $NK_{液}$，分解来化清液 NK 为 $NK_{化}$，欲配浓度 NK 为 $NK_{合格}$；设定原液小时流量 $V_{原}$，母液小时流量 $V_{母}$，强碱液小时流量 $V_{强}$，苛化液小时流量 $V_{苛}$，液碱小时流量 $V_{液}$，分解来化清液小时流量 $V_{化}$，循环母液小时流量为 $V_{合格}$；设定原液密度为 $\rho_{原}$，母液密度为 $\rho_{母}$，强碱液密度为 $\rho_{强}$，苛化液密度为 $\rho_{苛}$，液碱密度为 $\rho_{液}$，分解化清液密度为 $\rho_{化}$，循环母液密度为 $\rho_{合格}$。

（5）计算方法

$$V_{原} \times \rho_{原} + V_{母} \times \rho_{母} + V_{强} \times \rho_{强} + V_{苛} \times \rho_{苛} + V_{液} \times \rho_{液} + V_{化} \times \rho_{化}$$

$$= V_{合格} \times \rho_{合格} + V_{原} \times NK_{原} + V_{母} \times NK_{母} + V_{强} \times NK_{强} + V_{苛} \times NK_{苛} +$$

$$V_{液} \times NK_{液} + V_{化} \times NK_{化} = V_{合格} \times NK_{合格}$$

（6）及时校对各槽液位计、各种物料流量计和密度计。

（7）在往循环母液槽进料过程中，及时取样分析修正偏差，若某种物料不参与调配，只需将计算公式中相应物料的 NK，V，ρ 取消即可。

1.4.2　碱液调配、液碱储存开车准备

（1）检查安全设施是否齐全完好。

（2）岗位人员接到开车指令后检查流程是否畅通，关闭各放料阀门，检查设备仪表及控制回路是否完好。

（3）联系电工检查电气设备的绝缘情况。

（4）检查仪表及密封冷却水压是否正常，给各种泵加入密封水。

（5）检查各种泵润滑油的油质及油位。

（6）检查排净所有热工管线及设备内存积的冷凝水。

（7）了解蒸发原液槽液位，要求槽存 50% 以上，母液槽液位要求槽存 50% 以上；液碱需有 20% 以上槽存。

（8）分析参与调配的各种物料的成分，经计算确定各种物料应配流量。

1.4.3　开车步骤

依次启动相关配料泵浦。

1.4.4　正常作业

（1）计算好各种物料调配的比例，按比例进行调配，稳定调配槽出料密度，稳定循环母液浓度。

（2）取样分析循环母液 NK，找出与实际需求值的偏差，及时微调。

（3）将外来碱接入卸碱流程，用卸碱泵将液碱送入液碱储槽。

（4）根据指令和生产需要，启动液碱输送泵将液碱送至相关岗位。

1.4.5　停车步骤

（1）关闭泵的进口阀门，打开泵的放料阀门，（带变频调速的应逐渐调低至 10% 以下）停电动机，将出口管道里的料放尽。

（2）关闭泵密封冷却水，冬天泵密封冷却水可以不关，防止冻裂管道和结冰。

（3）污水槽打空后，停污水泵。

1.5　化碱厂房作业

1.5.1　化碱厂房开车准备

（1）检查安全设施是否齐全完好。

（2）岗位人员接到开车指令后检查流程是否畅通，设备仪表及控制回路应完好。

（3）联系电工检查电气设备的绝缘情况。

（4）检查各种泵润滑油的油质及油位。

1.5.2　开车步骤

（1）打开补水阀门向化碱污水槽加水，水位加至没过沉没泵泵壳。

（2）关闭补水阀门，将沉没泵出口阀门改至地沟内循环。

（3）开启沉没泵。

（4）将片碱倒入地沟，直至达到设计浓度。

（5）联系化验室取样分析污水槽内碱液浓度，根据分析结果决定再添加片碱还是再加水，直至达到所要求的浓度为止。

（6）将沉没泵出口流程改至液碱槽，将污水槽内碱液送往液碱槽，直至送空。

（7）依次重复以上操作。

1.5.3　停车步骤

（1）使用冲地水管将化碱地沟冲洗干净。

（2）关闭补水总阀门。

（3）用沉没泵将污水槽内物料全部撤向液碱槽，停沉没泵。

1.6　循环水降温作业

1.6.1　循环水降温开车准备

（1）循环水泵启动准备

1）检查安全设施是否齐全完好。

2）联系相关岗位准备开车。

3）停车 8h 以上（雨天 4h），必须由电工测量电机绝缘情况。

4）检查流程是否正确。槽体人孔封好，检查各个阀门是否开关到位、灵活好用。

5）泵浦设备进行攀车转动两圈以上，检查转子转动是否正常，密封是否良好。

6）检查冷、热水池中的水位是否满足开车要求，打开泵壳上排气阀进行排气，直至出水为止。

7）检查计控仪表是否齐全完好，显示是否准确。

8）检查设备润滑部位润滑是否良好。检查各连接点、紧固部位的螺栓，松的紧固、缺的补齐。

9）新安装、检修的设备需验收合格后方可使用。

（2）冷却塔启动前的准备

1）检查安全设施是否齐全完好。

2）风机启动前检查电动机绝缘情况。

3）检查减速机润滑是否正常。检查连接柱销、传动轴花键是否松动，磨损是否影响正常开车。

4）冷却塔风机盘车两圈以上，清除影响转动的杂物。检查风机叶片各处连接有无松动，叶轮旋转是否灵活。

1.6.2　开车步骤

（1）循环水泵（包括蒸发循环水机封水泵）开车

1）得到相关岗位回复可以开车时，关闭泵放料阀，启动电动机，打开泵出口阀门。

2）缓慢打开泵进口，观察水压和电流的变化，电流不能超过额定值。调整阀门开度，使出口压力、流量达到生产要求。

（2）冷却塔风机开车

1）冷却塔启动时一定要先开水泵，后开风机。不允许在没有淋水的情况下使风机运转。

2）启动风机运行按钮。

3）应上塔检查风机的运行情况，听风机运转声音，正常后方可离开。风机首次运转时，风机不可倒转，使抽风成送风。必须经过一定时间（1 小时左右）的试运转，然后停车检查，确认各部件完好无变形和松动时，方可正式运行。

　　4）应经常注意电流变化，如超过额定电流，必须立即停止运转进行检修。

　　5）启动热水泵向冷却塔送水。打开泵出口阀门，关闭泵放料阀。缓慢打开泵进口，观察水压和电流的变化，电流不能超过额定值。调整阀门开度，使流量达到生产要求。

1.6.3　正常作业

　　（1）根据冷、热水池中的水位进行补水，保持水位稳定。发现水位有异常波动时，要及时查明原因。

　　（2）经常监测冷却塔进出水温度，及时调整泵和风机的开车台数及效率，使水温、水压保持稳定。

　　（3）检查轴承温度，若温度超标，必须停下进行检查。

　　（4）应经常观察、检查布水装置是否正常。

　　（5）循环水在水质不好时，应进行加药处理或加强排污。

1.6.4　停车步骤

　　（1）冷却塔风机停车

　　1）按风机停车按钮，使风机停止运行。

　　2）停下热水泵停止向冷却塔送水，待泵停止转动后，关进口阀门。打开放料阀将管内、泵内存水放尽。

　　3）检查风机、电动机有无异常，使之处于良好的备用状态。

　　4）将污水槽打空，停下污水泵。

　　（2）循环水泵（包括蒸发循环水机封水泵）停车

　　1）与相关岗位联系好，得到回复后安排停车。

　　2）检查冷、热水池中的水位是否满足停车缓冲，应避免停车水位过高造成水池冒槽。

　　3）按停止按钮，停泵，待泵停止转动后，关进口阀门。

　　4）打开放料阀将管内、泵内存水放尽。

　　5）检查风机、电动机有无异常，使之处于良好的备用状态。

1.7　离心泵作业标准

1.7.1　离心泵开车准备

　　（1）检查安全设施是否齐全完好。

　　（2）联系电工检查电气绝缘情况。

　　（3）检查各润滑点油质、油量是否符合要求。

　　（4）检查槽存料位是否满足开泵要求。

　　（5）手动盘车两圈以上。

　　（6）打开密封冷却水，检查水压、水量是否正常。

1.7.2　开车步骤

　　（1）非变频泵：关闭放料阀，打开泵出口阀；启动主电动机；缓慢打开泵进口阀门，逐渐提高电流（或流量）至要求范围。

　　（2）变频泵：关闭放料阀，打开泵出口阀；启动主电动机频率调至10%以下；打开泵进口阀门，逐渐提高泵转速，使电流（或流量）达到要求范围。

1.7.3　正常作业

　　（1）检查泵有无杂音，泵体振动是否偏大。

（2）检查泵轴承温度（夏季低于 70℃，冬季低于 60℃）。

（3）检查密封有无漏水漏料现象。

（4）检查泵润滑情况。

（5）检查泵上料情况。

1.7.4　停车步骤

（1）非变频泵料浆泵：将槽液位拉低，关闭槽出口阀门；打开高压水（母液）阀门，冲洗管道 5 ~ 10min，关闭高压水（母液）阀门；打开放料阀门，停泵放料；关闭泵机封水。

（2）非变频泵溶液泵：将槽液位拉低，停泵倒料数分钟后，关闭槽出口阀门；打开放料阀门放空存料；关闭泵机封水。

（3）变频泵料浆泵：将槽液位拉低，关闭槽出口阀门；打开高压水（母液）阀门，冲洗管道 5 ~ 10min，关闭高压水（母液）阀门；打开放料阀门，缓慢降低泵转速，料放完以后停泵；关闭泵机封水。

（4）变频泵溶液泵：将槽液位拉低，缓慢降低泵转速，关闭槽出口阀门；打开放料阀门，料放完以后停泵；关闭泵密封冷却水。

1.7.5　倒泵作业

倒泵前应将槽液位拉低，具有一定的缓冲空间，倒泵作业要根据具体的流程物料特点和泵配置情况进行作业。原则是先开后停。

（1）单泵单管情况：按离心泵作业标准启动备用泵；正常运行后，停待停泵。

（2）多泵共用出口管情况

1）非变频泵

①关闭备用泵放料阀，启动电动机。

②缓慢打开备用泵出口阀；缓慢关闭待停泵进口阀，同时缓慢打开备用泵进口阀门，开关时要相互配合好，避免冒槽和出口流量过大造成打垫子。

③缓慢关闭待停泵出口阀，打开放料阀，料放完后停泵。

2）变频泵

①关闭备用泵放料阀，启动电动机频率调至 10% 以下，先打开备用泵进口阀，再逐步打开出口阀。

②缓慢降低待停泵的电动机频率（直至 10% 以下），逐渐提高备用泵电动机频率（至正常运行），提、降频率要相互配合好，避免冒槽和出口流量过大造成打垫子。

③缓慢关闭待停泵出口阀，电动机频率降至 10% 以下，关闭待停泵进口阀，打开放料阀，料放完后停泵。

1.8　巡检作业及巡检路线

1.8.1　排盐苛化巡检作业

（1）对检查中发现的问题要立即处理，不能处理的，应尽快通知主操。

（2）真空泵、空压机等皮带传动的设备，在设备启动、运行、停车等过程中要检查皮带的松紧、磨损情况，出现问题要及时联系处理。

1.8.2　排盐苛化巡检路线

操作室→盐溶解槽→真空泵、空压机→苛化槽→苛化泥沉降槽→强碱槽→盐沉降槽→

排盐过滤机→操作室

1.8.3　碱液调配、液碱储存、化碱厂房巡检

（1）按要求定时巡检，巡检周期为每小时一次，岗位记录要求及时、准确、清晰。

（2）检查泵的轴承及电动机的温升、密封水压、流量、润滑、油质、油量，联轴器及各部位连接螺栓的紧固情况，沉降槽传动，搅拌电流情况等。

（3）检查现场的压力显示状况，管道、阀门是否泄漏，流程是否正确。

1.8.4　巡检路线

操作室→母液泵→循环母液泵→补碱输送泵→卸碱泵→化碱厂房→液碱槽→母液槽→循环母液槽→循环母液调配槽→操作室

2　常见问题及处理办法

2.1　苏打沉降槽、苛化泥沉降槽（表2-1）

表2-1　苏打沉降槽、苛化泥沉降槽常见生产事故分级判断及处理

序号	故障名称	故障原因	处理方法
1	沉降槽溢流浮游物高	析出含水碳酸钠	稳定强制效 NK 浓度在 320g/L
2	沉降槽突然停车	内外部供电系统出问题	找电工处理
		沉降槽底部沉积固料多，造成电动机超负荷跳闸	停止进料，拉大底流，提升耙机，启动后慢慢放下
		机械故障	停车检查
3	弹簧压缩过紧	料浓、液固比小，沉降速度快	减少进料，开大底流或放料减压
		底流堵或开度太小	用高压水冲底流
		槽内掉进杂物或槽内结疤掉下	拉空槽子清理
		机械运转不正常弹簧失效	联系检修工检修
4	过滤机效果差	Na_2O_3 粒度细	沉降槽打循环，提高粒度
		受液槽滤液管堵，分配器漏气，滤布破损	停车清理，检查换布
		底流液固比大	降底流液固比
5	搅拌跳停	机械电器故障	联系检修
		槽内杂物多、负荷大	打空料后停车清理

2.2　立盘过滤机（表2-2）

表2-2　立盘过滤机常见生产事故分级判断及处理

序号	故障名称	故障原因	处理方法
1	滤饼脱落	真空突然降低	检查真空泵
		真空阀开度小	开大阀门
		受液管堵	清理管道
		液面太低	提高液面
		滤布破损严重	换布

序号	故障名称	故 障 原 因	处 理 方 法
2	滤浆槽压料或沉淀	固含太高	调整母液量，增大液固比
		刮刀距离太远，滤饼掉进滤浆槽	调整刮刀距离
		液面太低	提高液面
		真空度降低，处理不及时	及时查真空度降低的原因
3	跑滤液	真空受液槽锥底或滤液管堵	检查清理
		汽液分离器锥底或液封管堵	检查清理
		真空度太高	降低真空度
		受液系统有漏真空处	检查处理
4	立盘吸料不好或不吸料	滤布老化或破损严重	换布
		液面低	提高液面
		真空太低	开大真空阀门、增开真空泵
		分配头窜风	检修分配头
		滤液管堵	清理检查受液系统
5	立盘吹风停或吹风小	空压机跳停，压缩空气压力为零	联系电工处理，重新启动
		空压机进水量小	调整进水量，保持稳定
		分配头窜风	检修分配头
		风阀故障	停车后处理或更换风阀
6	轴瓦发热	缺油	应加足油
		过紧	调好
		轴瓦有问题	停下检修或更换
7	滤布破损	刮刀边缘不光滑或有结疤	清除结疤或更换刮刀
		平时吹风过大	吹风要调适当
		滤布用的时间过长	更换新布
8	扇形板偏摆程度大	紧固螺栓弯曲或松动	对螺栓进行更换或紧固螺栓
		扇形板变形	修复或更换扇形板

2.3　真空泵（表 2-3）

表 2-3　真空泵常见生产事故分级判断及处理

序号	故障名称	故 障 原 因	处 理 方 法
1	真空度不足	进水量过大	调节进水，保持适当水量
		进水停或进水量不足	联系送水、清理进水管或开大阀门
		进水温度高	降低进水温度
		叶轮堵、内部漏气	拆解修理
		盘根漏气	更换压紧盘根
		进气管空气泄漏	修补管路
		进气管不畅	检查阀门开度和过滤器阻塞
		主部件磨损或腐蚀	拆解修理或更换备品
		泵浦反转	改变电动机接线

续表 2-3

序号	故障名称	故　障　原　因	处　理　方　法
2	不启动或启动困难	叶轮被外界物质黏结	拆解清理
		叶轮被锈蚀黏结	人工盘车或拆解清理
		填料太干、太紧	松开填料，注入润滑脂或更换填料
		启动水位过高	检查自动排水阀
		电流失效	检查并修理电路
3	电动机过载	封水流体过量	调节封水流体阀
		电流失效	检查因异常电压低落的过流
		电流表不准	检查并修理
		转动部件损坏或失效	拆解检查是否因滑移面接触而使轴承损坏
		泵排口产生背压	检查阀门开度和管线阻尼解除背压
4	噪声振动	进水量过大	调节阀门开度，保持适当水量
		吸压太低	可能产生气涡，解除吸压低落原因
		转动零件损坏或失效	拆解检查是否因滑移面接触而使轴承损坏，必要时修理或更换
		安装或配管不良	调查原因并改善
5	箱体过热	进水量不够	调节阀门开度，保持适当水量
		进水水温高	降低进水温度
6	轴承过热	联轴器对心不良	联系检修校对
		泵组装不良	联系检修重组
		润滑不良，油过量或缺油	调节油量
		黄油不纯净或有外界物质混入	联系检修拆解、清洗，并换油
		轴承损坏	联系检修拆解并更换

2.4　空压机（表 2-4）

表 2-4　空压机常见生产事故分级判断及处理

序号	故障名称	故　障　原　因	处　理　方　法
1	风压不足	进水量过大	调节进水，保持适当水量
		进水停或进水量不足	联系送水、清理进水管或开大阀门
		进水温度高	降低进水温度
		叶轮堵、内部漏气	拆解修理
		密封漏气	检修、更换密封
		进气管不畅	检查阀门开度和过滤器阻塞
		主部件磨损或腐蚀	拆解修理或更换备品
		泵浦反转	改变电动机接线

其他项目参见表 2-3。

2.5　离心泵（表 2-5）

表 2-5　离心泵常见生产事故分级判断及处理

序号	故障名称	故 障 原 因	处 理 方 法
1	轴承发热	缺油、油变质	加适量油或换油
		转动部位装配不好，轴中心不正	检修处理
		轴承磨损	更换轴承
2	电动机、泵振动有响声	装配不好，中心不正，零件磨损严重	检查处理
		地脚螺栓松动	紧固地脚螺栓
		泵内有杂物	清理泵内杂物
		泵进料少	加大进料量
3	泵打不上料或料量小	槽（池）液位低或泵进出口管道堵塞	补液位或清理管道
		进料液固比太小（固含太高）	加大液相量或减少滤饼添加量
		叶轮磨损、脱落或堵塞	更换或清理叶轮
		进出口阀（包括槽出口阀）开度太小、堵塞或损坏	开大阀门、清理阀门或更换阀门
		进出口阀门改错	改正阀门
		盘根漏料严重	压紧或更换盘根
		放料阀未关严	关严放料阀
		泵的转向不对	联系电工处理
		电动机单相转速低	联系电工处理
4	水泵内部声音反常，水泵不吸水	进水阀门没有打开	打开进水阀门
		进水量太小	增加水流量
		泵内有杂物	清除泵内杂物
		在吸水处有空气渗入	处理漏气点
5	泵跳停	机械电器故障	联系电工处理
		负荷过大	适当降低进料量
		泵内进入杂物	清理、检修
6	泵打垫子	进料阀门开得太大太猛	保护好电器设施，关闭进口阀门停泵放料，处理好后重新开车
		出口管堵塞或结疤严重	清理（洗）出口管
		出口阀门开得太小或阀板脱落	开大阀门，更换阀门

第 4 节　质量技术标准

质量技术标准为：

循环母液温度 80 ~ 90℃　　　　　　　　　　循环母液 $NC/NT \leqslant 7\%$

循环母液 $\alpha_K \geqslant 2.8$，$NK \geqslant 210 g/L$　　　　　盐沉降槽溢流浮游物 $\leqslant 0.5 g/L$

盐过滤机滤饼含水率≤35%	苛化时间≥2h
苛化原液中 Na_2O_C 浓度 80～120g/L	苛化效率≥85%
苛化温度 95～100℃	石灰添加量 $w[CaO]/w[Na_2O_C]$≤1.5

第 5 节 设 备

1 设备、槽罐明细表

1.1 排盐苛化、碱液调配（表 2-6）

表 2-6 排盐苛化、碱液调配设备型号

序号	设 备 名 称	技 术 规 格	数量
1	强碱泵	型号：APP32-100，$Q=150m^3/h$，$H=27m$，$\eta=66\%$，NPSHr≤1.9m，机械密封	1
	附：电动机	Y3 200L-4WF$_1$-B$_3$，$N=30kW$，$n=1470r/min$，IP55 直联	1
2	强碱泵	型号：APP33-125，$Q=220m^3/h$，$H=50m$，$\eta=66\%$，NPSHr≤1.9m，机械密封型	2
	附：电动机	Y3 280S-4WF$_1$-B$_3$，$N=75kW$，$n=1484r/min$，IP55 直联	2
3	强碱槽	$\phi12000\times10000$，$V=1130m^3$	1
	附：搅拌电动机	型号：DFV250M4/C/OS2，$N=55kW$，$n=1475r/min$	1
	附：减速机	型号：M3PVSF70，传动比：79.7619，使用系数：3.05	1
	附：润滑电动机	型号：DFT90S4/OS2，$N=1.1kW$，IP55	1
4	盐沉降槽溢流槽溢流泵	型号：APP31-150 型，$Q=280m^3/h$，$H=18m$，NPSHr≤1.1m，机械密封	1
	附：电动机	YPT 225S-4WF$_1$-B$_3$，$N=37kW$，$n=1480r/min$，IP55，变频调速	1
5	溢流槽	$\phi2000\times6750$，$V=21.2m^3$	1
6	盐沉降槽	$\phi15000\times4000$，$V=710m^3$	1
	附：电动机（搅拌）	Y2-100L1-4WF，$N=2.2kW$，$n=1410r/min$	2
	附：电动机（提升）	100L1-4，$N=2.2kW$，$n=1410r/min$，IP54	1
	附：电动机（提升）减速装置	CRW67-24.8-Y-2.2-A，$n_1=1450r/min$，$n_2=58r/min$，传动比：24.8	1
7	盐沉降槽底流泵 a	型号：50DMZ-33，$Q=30m^3/h$，$H=22m$，NPSHr≤2.1m，机械密封	1
	附：电动机	Y180M-4WF$_1$-B$_3$，$N=18.5kW$，$n=1470r/min$，IP44	1
	盐沉降槽底流泵 b	型号：50DMZ-33，$Q=30m^3/h$，$H=22m$，NPSHr≤2.1m，机械密封	1
	附：电动机	YVF2-180M-4W，$N=18.5kW$，$n=1470r/min$，IP44，转矩=117.1N·m，变频调速380V Y，IP54	1

序号	设 备 名 称	技 术 规 格	数量
8	盐沉降槽种子泵	型号：50DMZ-50，$Q=45m^3/h$，$H=23m$，NPSHr$\leqslant$1.5m，机械密封	2
	附：电动机	YVF2-225M-4，$N=45kW$，$n=1475r/min$，转矩$=286.4N\cdot m$，380V Y IP54，变频调速	2
9	盐沉降槽底流槽	$\phi4000\times4000$，$V=55m^3$	1
	附：搅拌电动机	DV132M4/C，$N=7.5kW$，$n=1430r/min$，IP55	1
	附：减速机	型号：RF97 DV132M4/C，扭矩$=1380N\cdot m$，输出转速：52r/min，速比：27.58	1
10	盐浆循环泵	型号：50DMZ-33，$Q=30m^3/h$，$H=23m$，NPSHr$\leqslant$2.1m，机械密封	1
	附：电动机	YVF2-180M-4，$N=18.5kW/25HP$，$n=1470r/min$，IP54，变频调速	1
11	闪蒸槽	$\phi610\times2200$，$V=0.6m^3$	1
12	盐过滤给料泵	型号：50DMZ-33，$Q=30m^3/h$，$H=24m$，NPSHr$\leqslant$2.1m，机械密封	2
	附：电动机	YVF2-180M-4，$N=18.5kW/25HP$，$n=1470r/min$，IP54，变频调速	2
13	盐立盘过滤机	型号：HDLP-40，$F=40m^2$，滤盘外径：3.9m，滤盘数量：2，滤盘转速：1~4.3r/min	2
	附：主传动电动机	型号：DV160M4/V，$N=11kW$，n：1440r/min，IP55，设备带变频器	2
	附：润滑油泵	型号：25218-42L，单口出油量：3mL/min，220V AC，电动机功率：0.06kW，最大压力：25MPa	2
	附：润滑油泵电动机	型号：MY5614，$N=0.06kW$，HP=0.08，220V，$n=1330r/min$	2
14	真空受液槽	$\phi1500$，$V\approx4.6m^3$	2
15	气液分离器	$\phi1500$，$V\approx6.4m^3$	2
16	空气储罐	$\phi1000$，$V\approx1.3m^3$	2
17	盐溶解槽	$\phi4000\times4000$，$V=50m^3$	1
	附：搅拌电动机	DV132M4/C，$N=7.5kW$，$n=1430r/min$，IP55	1
	附：减速机	型号：RF97 DV132M4/C，扭矩$=1380N\cdot m$，输出转速：52r/min，速比：27.58	1
18	苏打溶液泵	型号：APP22-65，$Q=65m^3/h$，$H=18m$，NPSHr$\leqslant$1.5m，机械密封	2
	附：电动机	Y3 160M-4WF$_1$-B$_3$，$N=11kW$，$n=1460r/min$，IP55，直联	2
19	污水槽	$\phi3000\times3000$	2
	附：搅拌电动机	$N=4kW$	2

序号	设 备 名 称	技 术 规 格	数量
20	污水泵（立式单吸）	型号：80DMZL-36（Ⅰ），$Q=100\text{m}^3/\text{h}$，$H=25\text{m}$，$D=1500\text{mm}$，加长段，$L=1300\text{mm}$，带滤网	2
	附：电动机	Y225M-4，$N=45\text{kW}$，$n=1480\text{r/min}$，IP55 直联	2
21	真空泵	型号：SKA(2BE1)303，$Q=2850\sim3600\text{m}^3/\text{h}$，真空度 $0.3\sim0.6\times10^5\text{Pa}$（绝压），转速：740r/min	2
	附：电动机	Y2-315L2-8，$N=110\text{kW}$，IP54，转速：735r/min	2
22	空气压缩机	型号：SKA(2BE1)252，$Q=1300\text{m}^3/\text{h}$，极限压力：0.1MPa，转速730r/min	2
	附：电动机	Y2-315M-8/F/WF1，$N=75\text{kW}$，IP54，转速：735r/min	2
23	滤布冲洗水泵	型号：IS80-50-330，$Q=30\sim40\text{m}^3/\text{h}$，$H=32\text{m}$，$\text{NPSHr}\leqslant3.5\text{m}$	1
	附：电动机	Y3-160M-4W F_1-B_3，$N=11\text{kW}$，$n=1460\text{r/min}$，IP54	1
24	石灰乳槽	$\phi6000\times6000$，$V=169\text{m}^3$	1
	附：搅拌电动机	$N=11\text{kW}$，IP55，绝缘等级：F，工作制：S1	1
	附：减速机	RF137，安装方式：M4，润滑油：Shell Omala 220 32.50L	1
25	石灰乳泵	型号：50DMZ-33(Ⅰ)，$Q=35\text{m}^3/\text{h}$，$H=20\text{m}$，$\text{NPSHr}\leqslant2.1\text{m}$	2
	附：电动机	Y160L-4 F_1-B_3，$N=15\text{kW}$，$n=1460\text{r/min}$，IP44，绝缘等级：B	2
26	混合槽	$\phi600\times1300$	1
27	第一苛化槽	$\phi4000\times4000$，$V=50\text{m}^3$	1
	附：搅拌电动机	$N=7.5\text{kW}$，IP55，绝缘等级：F，工作制：S1	1
	附：减速机	型号：RF97 DV132M4/C，扭矩 $=1380\text{N}\cdot\text{m}$，安装方式：M4，输出转速：52r/min，润滑油：Shell Omala 220 14.00L	1
28	第二苛化槽	$\phi4000\times4000$，$V=50\text{m}^3$	1
	附：搅拌电动机	$N=7.5\text{kW}$，IP55，绝缘等级：F，工作制：S1	1
	附：减速机	型号：RF97 DV132M4/C，扭矩 $=1380\text{N}\cdot\text{m}$，安装方式：M4，输出转速：52r/min，润滑油：Shell Omala 220 14.00L	1
29	苛化出料泵	型号：65DMZ-30，$Q=65\text{m}^3/\text{h}$，$H=24\text{m}$，$\text{NPSHr}\leqslant2.1\text{m}$	2
	附：电动机	Y160L-4 F_1-B_3，$N=15\text{kW}$，$n=1460\text{r/min}$，IP44	2
30	第三苛化槽	$\phi4800\times4000$，$V=70\text{m}^3$	1
	附：搅拌电动机	$N=7.5\text{kW}$，IP55，绝缘等级：F，工作制：S1	1
	附：减速机	型号：RF107 DV132M4/C，扭矩 $=1770\text{N}\cdot\text{m}$，安装方式：M4，输出转速：41r/min，润滑油：Shell Omala 220 18.50L	1
31	第四苛化槽	$\phi4800\times4000$，$V=70\text{m}^3$，IP55	1
	附：搅拌电动机	$N=7.5\text{kW}$，IP55，绝缘等级：F，工作制：S1	1
	附：减速机	型号：RF107 DV132M4/C，扭矩 $=1770\text{N}\cdot\text{m}$，安装方式：M4，输出转速：41r/min，润滑油：Shell Omala 220 18.50L	1

序号	设 备 名 称	技 术 规 格	数量
32	苛化泥沉降槽	$\phi15000 \times 4000$，$V = 710m^3$	1
	附：电动机（搅拌）	型号：Y2-100L1-4WF，$N = 2.2kW$，$n = 1410r/min$	1
	附：电动机（提升）	型号：100L1-4，$N = 2.2kW$，$n = 1410r/min$，IP54	1
	附：电动机（提升）减速装置	型号：CRW67-24.8-Y-2.2-A，$n_1 = 1450r/min$，$n_2 = 58r/min$，传动比：24.8	1
33	苛化溢流槽	$\phi2000 \times 6750$，$V = 21.2m^3$	1
34	苛化泥槽	$\phi4000 \times 4000$，$V = 55m^3$	1
	附：搅拌电动机	型号：$N = 7.5kW$，IP55，绝缘等级：F，工作制：S1	1
	附：减速机	型号：RF107 DV132M4/C，扭矩 = 1770N·m，安装方式：M4，输出转速：41r/min，润滑油：Shell Omala 220 18.50L	1
35	苛化泥出料泵	型号：50DMZ-50，$Q = 68m^3/h$，$H = 84m$，NPSHr≤2.1m	2
	附：电动机	YVF2-280M-4，$N = 90kW/125HP$，$n = 1480r/min$，IP54，变频调速，转矩：572.9N·m，380V△	2
36	苛化液出料泵	型号：APP21-80，$Q = 140m^3/h$，$H = 24m$，NPSHr≤2.1m	2
	附：电动机	$N = 30kW$	2
37	苛化泥底流泵	型号：50DMZ-46，$Q = 30m^3/h$，$H = 22m$，NPSHr≤2.1m	2
	附：电动机	$N = 30kW$	2
38	热水槽	$\phi1000 \times 1500$	1
39	电动单梁起重机	型号：LD5-S7.5，$Q = 5t$，$LK = 7.5m$，$H = 24m$，地面操纵	1
	附：运行电动机	型号：ZDY21-4，$N = 0.8kW$	2
	附：电动葫芦	型号：MD$_1$-5-24D，$Q = 5t$，$H = 24m$	1
	附：起升电动机	型号：ZDS$_1$0.8/7.5，$N = 0.8/7.5kW$	2
	附：运行电动机	型号：ZDY$_1$21-4，$N = 0.8kW$	1
40	电动葫芦	型号：MD$_1$-2-12D，$Q = 2t$，$H = 12m$	2
	附：起升电动机	型号：ZDS$_1$0.4/3.0，$N = 0.4/3.0kW$	4
	附：运行电动机	型号：PD12-4，$N = 0.4kW$	2
41	蒸发母液槽	$\phi15000 \times 13000$，$V = 2300m^3$	1
42	蒸发母液泵	型号：APP42-200，$Q = 520m^3/h$，$H = 35m$，NPSHr≤2.3m，$\eta = 80\%$	3
	附：电动机	$N = 110kW$	3
43	循环母液调配槽	$\phi3000 \times 2800$，$V = 19.5m^3$	2
44	循环母液储槽	$\phi15000 \times 13000$，$V = 2300m^3$	3
45	循环母液泵	型号：APP44-200，$Q = 700m^3/h$，$H = 40m$，NPSHr≤3.7m，$\eta = 83\%$	3
	附：电动机	$N = 132kW$	3
46	污水槽	$\phi3000 \times 3000$	1
	附：电动机	$N = 4kW$	1

序号	设 备 名 称	技 术 规 格	数量
47	污水泵	型号：80DMZL-36，$Q=100\text{m}^3/\text{h}$，$H=37\sim35\text{m}$，DC 传动，$D=1500$，吸入管 $L=1400$，$\eta=58\%$	1
	附：电动机	$N=45\text{kW}$	1
48	卸碱泵	型号：APP32-125，$Q=200\text{m}^3/\text{h}$，$H=25\text{m}$，机械密封	2
	附：电动机	$N=37\text{kW}$	2
49	液碱贮槽	$\phi15000\times13000$，$V=2300\text{m}^3$	2
50	补碱输送泵	型号：APP11-40，$Q=38\text{m}^3/\text{h}$，$H=26\text{m}$，机械密封	2
	附：电动机	$N=11\text{kW}$	2
51	污水槽	$\phi3000\times3000$	1
	附：搅拌电动机	$N=5.5\text{kW}$	1
52	4″单吸立式污水泵	型号：PLC100/320T，$Q=100\text{m}^3/\text{h}$，$H=25\text{m}$，$D=1500$，吸入管加长段 $L=1400$	1
	附：电动机	$N=30\text{kW}$	1

1.2　蒸发循环水降温（表2-7）

表 2-7　蒸发循环水降温设备技术规格

序号	设 备 名 称	技 术 规 格	数量
1	400SS70B 冷水泵	型号：400SS70B，$Q=750-2232-2850$，$H=73-50-37$，NPSHr≤6，$\eta=84\%$，工业水，温度 35℃，密度 1000kg/m^3，$N=400\text{kW}$	4
	附：电动机	$N=400\text{kW}$	4
2	热水泵	型号：500S-35T，$Q=600-1733-2280$，$H=45.5-32-20.5$，NPSHr$\leq4.8\text{m}$，$\eta=88\%$，工业水，温度 55℃，密度 1000kg/m^3，$N=220\text{kW}$	4
	附：电动机	$N=220\text{kW}$	4
3	250SS48 旁滤泵	250SS48，$Q=420-630-795$，$H=55-47.5-41.8$，NPSHr$\leq4.0\text{m}$，$\eta=85\%$，工业水，温度 35℃，密度 1000kg/m^3，$N=132\text{kW}$	2
	附：电动机	$N=132\text{kW}$	2
4	逆流式玻璃钢冷却塔	CNTC-3200，$Q=3200\text{m}^3/\text{h}$，逆流式机械通风，$N=90\text{kW}$	2
	风机配电动机	轴流风机，风机直径：$\phi8000\text{mm}$，设计风量 $G=1760000\text{m}^3/\text{h}$，风机轴功率 $N=75.47\text{kW}$，配用电机功率 $N=90\text{kW}$	2
5	潜水排污泵	$Q=15\text{m}^3/\text{h}$，$H=12\text{m}$，$N=1.1\text{kW}$	1
6	冷水泵	型号：IS150-125-400A，$Q=187\text{m}^3/\text{h}$，$H=44\text{m}$，NPSHr$\leq2.8\text{m}$，$\eta=73\%$，工业水，温度 35℃，密度 1000kg/m^3，$N=37\text{kW}$	2
	附：电动机	$N=37\text{kW}$	2
7	电动单梁式悬挂起重机电动葫芦	型号：LX-5，起重量 $G=5\text{t}$，跨度 $LK=8\text{m}$，起升高度 $H=9\text{m}$，运行电动机 $N=2\times0.55\text{kW}$，起升速度 8m/min，大车小车速度 20m/min，MD15-9，$G=5\text{t}$，$H=9\text{m}$	1
	附：电动机	主电动机 7.5kW，运行电动机 0.8kW，慢速电动机 0.8kW	

2　主要设备

2.1　沉降槽

2.1.1　工作原理

连续性重力沉降槽适宜处理固液相密度差比较大、固体含量不太高而处理量比较大的悬浮液，但无法将液体中的固体微粒完全分离干净。料浆于沉降槽中心液面下连续加入，然后在整个沉降槽横截面上散开，液体向上流动，清液由四周溢出，固体颗粒在槽内逐渐沉降至底部。槽内底部设有缓慢旋转的耙齿，将沉渣慢慢移至中心底流箱（底流口周围），从底部出口管经底流泵连续排出。

颗粒在沉降槽中的沉降大致可分为两个阶段。在加料口以下一段距离内，颗粒浓度很低，颗粒大致做自由沉降；在沉降槽下部，颗粒浓度逐渐增大，颗粒大致作干扰沉降，沉降速度很慢，沉降槽清液产率取决于沉降槽的直径。

2.1.2　设备的结构组成

沉降槽结构包括电动机、槽体、搅拌轴、进料筒、耙机、底流箱（底流）、溢流井、进料管、减速机（及提升装置）、人孔、出料口、排气管。

2.1.3　设备润滑标准（表2-8）

表2-8　设备润滑标准

润滑部位	润滑油	润滑方式
一级星形齿轮箱	VG150	油杯润滑
二级星形齿轮箱	VG320	油杯润滑
大齿轮箱	VG680	油杯润滑

2.1.4　设备点检标准（表2-9）

表2-9　设备点检标准

项　目	内　容	标　准	方　法	周期/h
电动机	电流	正常	看	2
	温度	<60℃	摸、测	2
	声音	无杂音	听	2
减速机	润滑	良好	看	2
	声音	无杂音	听	2
	油位	油标上下标线之间	看	2
沉降槽	各焊缝	无泄漏、无振动	听、看	2
	槽体	无泄漏、无振动	听、看	2
管道及阀门	管道、垫子	无泄漏、无振动	听、看	2
	阀门盘根	无泄漏、无振动	听、看	2
紧固部位	螺栓	紧固无松脱	摸、看	2

2.1.5　设备维护标准

（1）清扫（表2-10）。

表 2-10　清扫工具及标准

部　位	标　准	工　具	周期/h
减速机	见本色	水、破布	24
电动机	见本色	破布	24

（2）开车前：要先盘车，检查润滑油量，检测电动机绝缘情况。

（3）运行中：按点检标准检查。

（4）停车后：及时处理运行中存在的问题。

（5）润滑：减速机运转时在第一次用油 400h 后更换，以后每 2 年更换一次。

（6）减速机长期停车时，大约每 3 个星期将减速机启动一次；停车时间超过 6 个月时，要在里面添加保护剂。

2.1.6　设备完好标准

（1）基础稳固，无裂纹、倾斜、腐蚀。

1）基础、支架坚固完整，连接牢固，无松动、断裂、腐蚀、脱落现象。

2）槽体无严重倾斜。

（2）各零部件完整无缺。

1）各零部件无一缺少。

2）槽体内外各零部件没有损坏，不变形，材质、强度符合设计要求。

3）槽体、管道的冲蚀、腐蚀在允许范围内。

4）保温层完整，机体整洁。

（3）运转正常，无跑、冒、滴、漏现象。

1）各法兰、人孔、观察孔密封良好，无泄漏。

2）进出料管道畅通，阀门开关灵活。

（4）仪器、仪表和安全防护装置齐全、灵敏可靠。

2.2　立盘真空过滤机

2.2.1　工作原理

安装在滤浆槽体上的圆盘轴由空心轴及固定在空心轴上的若干盘片组成，每个盘面由若干个扇形板构成，每个扇形板通过螺栓与空心轴相连，分配阀的分区对应于主轴的腔道，形成滤液通路。

立式圆盘真空过滤机（简称"立盘"）工作时由真空泵形成负压，在滤盘的内外表面形成压力差，悬浮液中的固体颗粒被截留在过滤圆盘的两侧形成滤饼，滤饼经过干燥区，脱去大部分水分（附液），然后进入卸料区，经反吹风卸下。液体通过滤布进入吸滤室后，由真空系统经轴的通道及分配头自过滤机中抽出进入受液系统。

2.2.2　设备的结构组成

立盘真空过滤机结构包括滤浆槽、空心轴、过滤圆盘、分配头、漏斗、导向轮、驱动系统（含电动机）和干油集中润滑系统（含电动机）等。

2.2.3 设备润滑标准（表2-11）

表2-11 设备润滑标准

润滑部位	润滑油	润滑方式
减速机齿轮箱	VG320	自动强制润滑
真空头	极压锂基润滑脂	自动干油润滑

2.2.4 设备点检标准（表2-12）

表2-12 设备点检标准

项目	内容	标准	方法	周期/h
电动机	电流	正常	看	1
	温度	<60℃	摸、测	1
	声音	无杂音	听	1
减速机	润滑	良好	看	1
	声音	无杂音	听	1
	振动	无异常振动	听、摸、测	1
	油位	油标上下标线之间	看	1
真空头	螺栓	无泄漏、无错位	摸、看	1
	断面	是否窜风	听、摸	1
受液槽、滤浆槽	各焊缝	无泄漏、无振动	听、看	1
	槽体	无泄漏、无振动		1
卸料装置	漏斗	畅通，无积料	看	1
	卸料是否干净	卸料干净	看	1
	刮刀	位置符合要求	看	1
管道及阀门	管道法兰垫子	无泄漏、无振动、无堵塞	听、看	1
	阀门盘根	无泄漏、无振动	听、看	1
轴瓦	润滑	良好	摸、测	1
扇形板	偏摆程度	正常，无变形	看、测	1
紧固部位	螺栓	紧固无松脱	摸、看	1

2.2.5 设备维护标准

（1）清扫（表2-13）。

表2-13 清扫工具及标准

部位	标准	工具	周期/h
减速机	见本色	水、破布	24
电动机	见本色	破布	24

（2）开车前测电动机绝缘情况，空车试转，检查润滑油量。

（3）没有投入使用的扇形板及网袋应在固定地点摆放整齐，不得在上面堆放其他重物或踩踏，以免变形，使用前应清洗干净。

（4）破坏或变形的扇形板应及时拆下进行修复整形，必要时更换扇形板，以免影响过滤机正常运行。

（5）停车后用热水彻底清洗滤盘滤布，以提高过滤能力。

（6）分配头是接通滤盘各部位到相关工作区的关键部件，如发现分配头密封面泄漏或窜风，应进行调整，使其端面与空心轴端面平行，且留有不大于 0.25mm 的间隙。

（7）过滤机停车时，应检查紧固螺栓，发现松动，立即紧固。各连接处不得有松动，以免脱落产生严重后果。

（8）润滑：减速机运转时在第一次用油 500h 后更换，以后每 5000h（最长不超过 6 个月）更换一次；润滑油牌号 -10~0℃ 时，采用 N46、N48；0~40℃ 时，采用 N68、N100、N150 或 N220。

2.2.6　设备完好标准

（1）基础稳固，无裂纹、倾斜、腐蚀。

1）基础、支架坚固完整，连接牢固，无松动、断裂、腐蚀、脱落现象。

2）无严重倾斜。

（2）各零部件完整无缺。

1）各零部件无一缺少。

2）各零部件没有损坏，不变形，材质、强度符合设计要求。

3）槽体、管道的冲蚀、导向轮腐蚀在允许范围内。

4）机体整洁。

（3）运转正常，无跑、冒、滴、漏现象。

1）各法兰、人孔、观察孔密封良好，无泄漏。

2）进出料管道畅通，阀门开关灵活。

（4）仪器、仪表和安全防护装置齐全、灵敏可靠。

2.3　其他搅拌槽

2.3.1　工作原理

电动机通过减速机带动槽子的中心轴旋转，安装在中心轴上的桨叶在旋转过程中起到对料浆搅拌的作用，使固体物料在溶液中保持悬浮状态，防止固体物料发生沉淀。

2.3.2　设备的结构组成

搅拌槽结构包括电动机、减速机、槽体、中心轴、桨叶、底瓦、人孔、进出料口等。

2.3.3　设备润滑标准（表 2-14）

表 2-14　设备润滑标准

润滑部位	润滑油	润滑方式
减速机齿轮箱	VG320	自动强制润滑
轴承	2 号锂基脂	停槽、电动机中修

2.3.4　设备点检标准（表2-15）

表2-15　设备点检标准

项　目	内　容	标　准	方　法	周期/h
电动机	电　流	正　常	看	1
	温　度	<60℃	摸、测	1
	声　音	无杂音	听	1
减速机	润　滑	良　好	看	1
	声　音	无杂音	听	1
	油　位	油标上下标线之间	看	1
地　脚	螺　栓	紧固无松脱	摸、看	1

2.3.5　设备维护标准

（1）清扫（表2-16）。

表2-16　清扫工具及标准

部　位	标　准	工　具	周期/h
减速机	见本色	水、破布	24
电动机	见本色	破布	24

（2）开车前：要先盘车，检查润滑油量，测电动机绝缘情况。

（3）运行中：按点检标准检查。

（4）停车后：及时处理运行中存在的问题。

（5）润滑：减速机运转时在第一次用油500~800h后更换，以后每3年更换一次。

（6）减速机长期停车时，大约每3个星期将减速机启动一次；停车时间超过6个月时，要在里面添加保护剂。

2.3.6　设备完好标准

参见2.2.6。

2.4　非搅拌槽

2.4.1　工作原理

利用槽体容积盛装物料，起储存、缓冲、倒料作用。槽体的部分结构和辅助设施可完成特定的功能（如加热、液固分离、气液分离）。

2.4.2　设备的结构组成

非搅拌槽结构包括槽体、人孔、进出料口、观察孔等。

2.4.3　设备点检标准（表2-17）

表2-17　设备点检标准

项　目	内　容	标　准	方　法	周期/h
槽　体	各焊缝	无泄漏	听、看	2
阀门、人孔	垫子	无泄漏	听、看	2
	阀门盘根、管道	无泄漏	听、看	2
紧固部位	螺　栓	紧固无松脱	摸、看	2

2.4.4　设备维护标准

（1）清理：槽内无结疤、杂物等。

（2）卫生：槽体干净，无结疤、杂物等。

2.4.5　设备完好标准

参见 2.2.6。

2.5　逆流式玻璃钢冷却塔

2.5.1　工作原理

冷却塔是利用水和空气的接触，通过蒸发作用来散去工业生产中产生的废热的一种设备。基本原理是：干燥的空气经过风机的抽动后，自进风网处进入冷却塔内；高温水分子向压力低的空气流动，湿热的水自布水系统洒入塔内。当水滴和空气接触时，一方面由于空气与水的直接传热，另一方面由于水蒸气表面和空气之间存在压力差，在压力的作用下产生蒸发现象，将水中的热量带走，从而达到降温的目的。

2.5.2　设备的结构组成

逆流式玻璃钢冷却塔的结构包括填料、电动机、减速装置、风机、收水及布水装置等。

2.5.3　设备润滑标准（表2-18）

表 2-18　设备润滑标准

润滑部位	润滑方式	润滑油	周　期
轴　承	脂润滑	2 号锂基脂	每班适当补充。一年检查一次，清除老化的润滑脂，更换新油

2.5.4　设备点检标准（表2-19）

表 2-19　设备点检标准

项　目	内　容	标　准	方　法	周期/h
电动机	电　流	正　常	看	1
	温　度	<60℃	摸、测	1
	声　音	无杂音	听	1
减速机	润　滑	良　好	看	1
	声　音	无杂音	听	1

2.5.5　设备维护标准

（1）布水管上积垢物的清理，可采用机械清洗或化学药剂清洗，清洗的脏物不得抛洒在淋水装置上，清除水垢通常用稀盐酸溶液清洗。

（2）冷却水池及填料所积污物应及时清除，保持填料不被堵塞。

（3）冷却塔管道、金属配件等每年应进行一次维修和防腐。可加涂环氧漆，发现损坏处应及时修补。

（4）注意减速机润滑情况，发现漏油及时处理。

2.5.6　设备完好标准

（1）基础稳固，无裂纹、倾斜、腐蚀。

1）基础、轴承座坚固完整，连接牢固，无松动断裂、腐蚀、脱落现象。

2）机座倾斜小于0.1mm/m。

（2）零部件完整无缺。

1）各零部件无一缺少。

2）各零部件完整、没有损坏，材质、强度符合设计要求。

3）轴承、轴、轴套、叶轮、护板等装配间隙、磨损极限和密封性符合检修规程规定。

4）机体整洁。

（3）运转正常，无明显渗油和跑冒滴漏。

1）润滑良好，油具齐全，油路畅通，油位、油温符合规定。

2）油量、油质符合规定。

3）各部件调整、紧固良好，运转平稳，无异常响声、振动和窜动。

4）阀门、考克开闭灵活，工作可靠。

5）各部件配合间隙符合要求。

6）轴承温度不超过允许值。

7）无明显跑、冒、滴、漏现象。

8）电动机及其他电气设施运行正常。

（4）机器仪表和安全防护装置齐全，灵敏可靠。

1）电流表、阀门等装置完整无缺，动作准确，灵敏可靠。

2）阀门等开关指示方向明确。

（5）达到铭牌或核定能力，泵的排量应符合规定要求。

2.6　水环式真空泵

2.6.1　工作原理

从容器或设备中抽气，获得气压低于0.1MPa的设备为真空泵，主要用于传输气体和蒸汽。真空泵叶轮偏心地装在圆形的泵壳中，当叶轮旋转时，将事先灌入泵内的水抛到泵壳周围，形成一个水环。叶轮的叶片与水环之间的小室容积随叶片位置而改变，扩大过程中形成真空，于是将气体从吸入孔吸入，在小室容积缩小过程中，其中气体受到压缩，由排出孔排出。即水环泵中液体随叶轮而旋转，小室容积呈周期性变化，水环泵就是靠这种容积变化来吸气和排气的。

2.6.2　设备的结构组成

水环式真空泵结构包括泵壳、叶轮、端盖、吸入孔、排出孔、液环、工作室等。

2.6.3　设备润滑标准（表2-20）

表2-20　设备润滑标准

润滑部位	润滑方式	润滑油	周　期
轴　承	脂润滑	2号锂基脂	每班适当补充。一年检查一次，清除老化的润滑脂，更换新油

2.6.4 设备点检标准（表2-21）

表2-21 设备点检标准

项 目	内 容	标 准	方 法	周期/h
电动机	电 流	正 常	看	1
	温 度	<60℃	摸、测	1
	声 音	无杂音	听	1
泵 体	填料室	盘根磨损一般不超过1mm	看	1
	轴	径向跳动一般不超过5/100mm	径向千分表	1
	轴 套	表面的磨损小于1~1.5mm	径向千分表	1
	轴 承	黄油更换一般一年一次，检查轴承状况，必要时更换	看、听	1
	皮带轮	无磨损和变形	看	1
地 脚	螺 栓	紧固无松脱	摸、看	1

2.6.5 设备维护标准

（1）检查填料室的泄漏是否稳定、适量，填料室不能过热。

（2）检查轴承温度，若温度超标，必须停下泵浦进行检查。

（3）检查密封水流量，并适当调节，保持稳定。

（4）注意噪声、振动、真空度和电动机电流。

2.6.6 设备完好标准

参见2.5.6。

2.7 液环式空压机

2.7.1 工作原理

液环式空压机的叶轮偏心地装在气缸内，并在气缸内引进一定量的水（或其他液体）作为工作液。当叶轮旋转时，水被叶轮抛向四周，由于离心力的作用，水形成了一个取决于空压机腔形状的近似于等厚度的封闭圆环。水环的下部内表面恰好与叶轮轮毂相切，水环的上部内表面刚好与叶片顶端接触（实际上叶片在水环内有一定的插入深度）。此时叶轮轮毂与水环之间形成一个月牙形空间，而这一空间又被叶轮分成和叶片数目相等的若干个小腔。如果以叶轮的下部0°为起点，那么叶轮在旋转前180°时小腔的容积由小变大，且与端面上的吸气口相通，此时气体被吸入，当吸气终了时小腔与吸气口隔绝；当叶轮继续旋转时，小腔由大变小，气体被压缩；当小腔与排气口相通时，气体便被排出空压机外。

2.7.2 设备的结构组成

液环式空压机结构包括泵壳、叶轮、端盖、吸入孔、排出孔、液环、工作室等。

2.7.3 设备润滑标准

参见表2-20。

2.7.4 设备点检标准

参见表2-21。

2.7.5 设备维护标准

参见2.6.5。

2.7.6　设备完好标准

参见 2.5.6。

2.8　离心泵

2.8.1　工作原理

当电动机带动转子高速旋转时，充满在泵体内的液体在离心力的作用下，从叶轮中心被抛向叶轮的边缘，在此过程中，液体就获得了能量，提高了静压能，同时增大了流速，一般可达 15～25m/s，即液体的动能也有所增加，液体离开叶轮进入泵壳。由于泵壳中流道逐渐加宽，故液体的流速逐渐降低，将一部分动能转变为静压能，使泵出口处液体的压强进一步提高，于是液体便以较高的压强，从泵的排出口进入排出管路，输送至所需场所。同时，由于液体从叶轮中心被抛向外缘，它的中心处就形成了低压区，而进料槽液面上的压强大于泵吸入口处的压强，在压力差的作用下，液体经吸入管路连续地被吸入泵内，以补充被排出液体的位置。当叶轮不停地旋转时，液体就不断地从叶轮中心吸入，并以一定的压强不断排出。

2.8.2　设备的结构组成

离心泵的结构包括电动机、叶轮、泵壳、泵轴、吸液室、压液室、填料函、密封环、油箱、联轴器、托架等。

2.8.3　设备润滑标准（表 2-22）

表 2-22　设备润滑标准

给油脂部位	润滑方式	油脂名称	油量/mL	周　期	备　注
轴承体	手　注	3 号钙基脂	20/40	4h	油脂润滑
轴承体	手　注	N42（冬季）或 N46（夏季）	油标油线位置	适当补充	稀油润滑

2.8.4　设备点检标准（表 2-23）

表 2-23　设备点检标准

项　目	部　件	内　容	标　准	方　法	周期/h
泵　体	密封	是否泄漏	泄漏量 <4L/h	看	2
		冷却水	适　量	看	2
	轴承及对轮	温度	夏季 <70℃ 冬季 <60℃	摸、测	2
		润滑	油质、油量合格	看	2
		声　音	无杂音	听	2
		振动	无异常	看、摸、测	2
	紧固件	有无松动	无松动	测	2
	泵　壳	有无裂缝	无裂缝	看	2
		泄　漏	无泄漏	看	2
		振　动	无异常	摸	2
	叶　轮	声　音	无异常	听	2
		振　动	无异常	看	2
	地脚螺栓	紧　固	齐全、牢固	看、测	2

项　目	部　件	内　容	标　准	方　法	周期/h
电动机	机　体	温　度	夏季 <70℃ 冬季 <60℃	摸、测	2
		声　音	无异常	听	2
	控制箱	电　流	小于额定值，无波动	看	2
法兰阀门			无漏料	看、听	2

2.8.5　设备维护标准

（1）启动前应检查泵轴转动是否灵活，叶轮与护板间是否有摩擦，叶轮与泵壳之间有无异物。必须检查轴承润滑情况，脂润滑不得加脂过多，以免轴承发热。油润滑的油液面不得高于或低于油尺规定界限。

（2）泵必须在规定负荷范围内运行，运行中应该掌握泵的运行情况，并对进口阀门或电动机调频做适当调节。运行中如发现杂音，应检查原因，加以解决。轴承的温度一般冬季应低于 60℃，夏季应低于 70℃。启动前密封要通以冷却水，并控制水量，运转过程中，不允许出现断水等现象。应经常检查润滑油情况，是否含水、起沫及有无异物，保持润滑油清洁，及时进行补油或更换润滑油。经常保持设备卫生。

（3）停泵后应排除泵内积料，以免杂质颗粒沉积堵泵，长期停用的泵应妥善保养，以免锈蚀。

（4）备用泵应每周转动 1/4 圈，以使轴承均匀地承受静载荷及外部振动。

（5）经常检查泵的紧固情况，连接应牢固可靠。

2.8.6　设备完好标准

参见 2.5.6。

2.9　污水槽

2.9.1　工作原理

污水槽附近地面的污水及其他槽内的污水通过污水沟汇集到槽内，电动机通过减速齿轮带动轴和搅拌装置对污水进行搅拌，防止沉淀，液下污水泵再将污水打到所需的地方。

2.9.2　设备的组成

污水槽的结构包括电动机、减速机、主轴、槽体、搅拌装置等。

2.9.3　设备润滑标准（表 2-24）

表 2-24　设备润滑标准

润滑部位	润滑方式	润滑油	周　期
齿轮和下部轴承	油池润滑	环境温度高于 38℃，采用 N320 号中极压齿轮润滑油； 环境温度低于 38℃，采用 N220 号中极压齿轮润滑油； 环境温度低于 0℃，应在开机前将润滑油预热至 10℃ 以上	连　续
上部轴承	脂润滑	2 号锂基脂	每周适当补充，半年检查一次，清除老化的润滑脂，更换新油

2.9.4　设备点检标准（表2-25）

表 2-25　设备点检标准

项　目	内　容	标　准	方　法	周期/h
电动机	电　流	正常，不波动	看	2
	温　度	夏低于70℃，冬低于60℃	摸、测	2
	声　音	无异常	听	2
减速机	油　位	适　中	看	2
	声　音	无杂音	听	2
皮带轮	数　量	不　缺	看	
	安全罩	配　齐	看	2
	松　紧	适　中	看	2
轴　承	润　滑	油质、油量合格	看	2
	温　度	低于60℃	摸、测	2
	声　音	无异常	听	2
	振　动	正　常	听、摸、测	2
地脚螺栓	紧　固	紧固、无松脱	听、摸、测	2

2.9.5　设备维护标准

（1）减速机初次加油后在运转300～500h时应重新清洗换油，以后每运转6个月换油一次。

（2）减速机在运转中要注意观察油位、温升和声响是否正常，电流是否稳定；及时补充或更换润滑油，补脂时注意不要充满所有空间。发现异常应及时排除，不得"带病"运行。

（3）经常检查紧固件是否有松动，密封件是否有渗漏，发现问题及时排除。

（4）每年定时解体检查各易损件的磨损情况、轴承间隙及润滑情况，消除隐患。

（5）搅拌器每年检查一次，检查桨叶磨损情况，磨损严重及时更换。

（6）皮带磨损后，更换皮带时应全部换。

2.9.6　设备完好标准

参见2.5.6。

第6节　现场应急处置

1　沉降槽底流堵塞事故应急预案

（1）排盐过滤机巡检人员在巡检时要注意过滤机滤浆槽液位情况。当发现正常情况下过滤机真空度降低、滤饼出现脱落时，要迅速查看过滤机滤浆槽液位是否下降，底流泵电流、输送流量是否出现异常，沉降槽底流是否堵塞。

（2）当主控室发现在正常情况下底流泵电流参数突然降低时要及时通知巡检人员立即查看运行中的过滤机是否断料，沉降槽底流出料是否出现异常。

（3）现场处置措施

1）当沉降槽底流出口堵或出料不畅时，要立即安排启动高压水泵（母液），冲刷底流管并向沉降槽内反冲。

2）沉降槽底流冲开后，适当放出底流量，将存留于沉降槽底部的碳碱（或氢氧化铝、苛化泥）沉淀、结疤排出。

3）按作业标准重新启动过滤机或打循环。

4）如沉降槽底流经过处理已不出料或出料不畅通时，安排隔离放料，进行清理检修。

2　沉降槽跑浑事故应急预案

（1）巡检人员在沉降槽顶巡检时要注意观察沉降槽进料管有无异常振动，同时检查沉降槽溢流情况；如出现跑浑情况须及时通知副操及主操，对沉降槽进出料情况进行检查。

（2）当发现沉降槽跑浑时，要迅速查看过滤机滤浆槽液位是否下降，底流泵电流、输送流量是否出现异常，沉降槽底流是否堵塞。

（3）当主控室发现在正常情况下底流泵电流参数突然降低，或者沉降槽进料泵电流、流量大幅波动时，要及时通知巡检人员立即查看运行中的过滤机是否断料、沉降槽进料是否出现异常，盐沉降槽跑浑还需通知副操检查强制效是否带压出料。

（4）现场处置措施

1）当检查跑浑原因为沉降槽出料堵时，应立即启动《沉降槽底流堵事故应急预案》进行处置。

2）如发现沉降槽进料量不稳定，溢流量忽大忽小，应立即进行调整，平稳进料。

3）如发现强制效带压出料，应立即调整强制效使用气压及二次汽压力，提高强制效分离室真空度，确保负压出料。

4）细种子沉降槽应检测进料液固比、温度情况，如果波动较大，应立即进行调整，使液固比、温度保持稳定。

3　沉降槽耙机跳停事故应急预案

（1）不论任何原因，沉降槽耙机一旦出现跳停，应迅速汇报主控室。

（2）岗位人员应第一时间查看底流状况，并初步判断引起耙机跳停的原因。如果是因为电气故障，应立刻通知区域电工到场；如果是因为底流料太稠（固含太高）将耙机压停，应适当减少沉降槽的进料，同时开大底流或通过放料阀放料。

（3）如果在 30min 内槽子未能启动，当班主操应将槽子状况汇报上级领导，并根据液量情况决定是否隔离事故槽，投用备用槽。

（4）在处理过程中各作业人员应保持联系，做好呼应。

（5）严禁私自处理耽误调整时机。

4　槽子坍塌事故应急预案

（1）一旦发生槽子坍塌，现场人员应沉着、冷静，根据事故发生场所环境，选择安全路线和方向迅速撤离现场；并报告主控室和调度中心，告知泄漏地点、事故程度，并告知自己的姓名及联系电话。

（2）主控室接到报告后，立即向事故应急救援指挥部汇报，并及时将指挥部的指令传达至应急相关成员，同时通知现场人员全部撤离。

（3）各岗位人员撤离到安全区域后，及时将自己所处位置及人员情况汇报当班主操，当班主操清点人数并开展自救。如果眼睛进碱，立即用流动的清水或硼酸水冲洗至少30min，严重的立即送医院就医；发生皮肤碱烧伤时，应尽快将污染衣服脱去，用清水和硼酸水清洗至少30min。硼酸水在各岗位操作室内，禁止无关人员擅自移动硼酸水。

（4）事故应急救援指挥部接到报告后，应迅速查明事故原因、部位和人员伤亡情况，下达按应急救援措施处置的指令，提出补救或抢险的具体措施，并向上级部门汇报。同时发出警报，通知现场迅速组织抢险队，并通知应急救援队迅速赶往事故现场，如果有人员受伤，立即对受伤人员采取相应的应急措施，对伤员进行清洗包扎或输氧急救，重伤人员及时送往医院抢救。

（5）在事故得到控制以后，利用污水泵及潜水泵收集物料，返回流程，对于不能回收的部位，采取铲车翻挖并将受污染的土壤送往赤泥坝，然后重新回填，减少对环境的污染。

（6）抢险救援行动结束后，主控室根据调度指令组织恢复生产。

5 容器泄漏、管道泄漏事故应急预案

（1）发生泄漏事故时应沉着、冷静，事故应急救援指挥部及现场作业人员要正确判断管道破裂、焊缝泄漏、打垫子等泄漏的方位和情况。

（2）保证岗位、清理检修作业人员的人身安全，事故现场不要乱跑，要有目的地撤到安全区域。

（3）如果发生碱烧伤，按照《伤亡、伤害事故应急预案》进行。

（4）应急救援人员救助现场伤员安全撤离现场，进行紧急救护后送医院处理治疗。

（5）根据不同的情况，主控室应尽快通知检修人员，采取有效的措施，正确控制现场情况，尽快使流程恢复正常。

（6）现场管道打垫子，责任区域内应先自查。判断不清的由调度中心现场确认或召集各区域人员确认管道归属，立即通知停止用此管道输送物料。并通知相关区域用沙袋将物料围住，采取措施对现场进行清理。

（7）如果必须停车处理，主控室应根据相关作业标准进行作业。力争将人员、生产、设备等各种损失减少到最低。

（8）如果现场料浆泄漏无法及时得到控制，应急救援人员或岗位人员应在确保人员安全的情况下，采用堆沙土等措施，防止泄漏料浆进入配电室、电缆沟、操作室等重要区域。

（9）料浆泄漏后在工作现场行走，必要时要用木棍探路，如果有泄漏区域淹没至胶鞋1/2处，应穿防护服或雨裤，否则禁止进入现场。

6 冒槽事故应急预案

（1）主控室人员在正常作业中须密切关注相关槽类设备液位。

（2）相关槽类设备液位出现异常波动时，要及时联系巡检工现场测量槽存。

（3）对于槽类设备液位长时间没有变化的情况，须及时通知巡检工现场检查槽存。根

据检查情况联系计控室人员检查处理。

（4）发生冒槽事故后，巡检工应现场远距离查看冒槽情况，及时向主控室、主操汇报。

（5）当班主操应迅速确定冒槽对作业区生产以及槽子周边设备、设施的影响，初步确定处理措施。

（6）及时联系上下游岗位，告知现场情况，要求其做好应急措施，防止事故范围扩大。

（7）向区域及调度中心汇报现场情况，认真执行调度中心指令。

（8）现场处置措施

1）主控室及时汇报调度中心，通知相应的上下游岗位，安排平衡液量。

2）必要时减少或切断该槽子进料，加大出料，确保在最短的时间内使冒槽停止。

3）在突发事故情况下出现冒槽，经过以上处理后仍然出现冒槽物料进入外排水系统，必须马上汇报调度中心，由公司安排向外排水系统中加酸中和。同时向安全环保部汇报，对外排水系统做好取样监控，直至加酸后外排水呈中性为止。

7　放射源泄漏事故应急预案

（1）计控专业人员检测到放射源泄漏时，要马上通知设备部。

（2）设备部马上通知公司主管领导。

（3）设备部负责人、区域安全员需立即与计控专业人员沟通，由计控专业技术人员确定安全范围。由区域安排标出安全区域，计控人员设置警戒标志，防止人员进入。

（4）由计控人员对泄漏的放射源妥善进行处理。

（5）泄漏放射源处理完毕后，要及时撤除警戒标志，恢复现场正常状态。

（6）泄漏放射源处理完毕后，计控人员需对放射源泄漏的原因作出明确的分析结果，并采取防护措施。

8　辐射伤害事故应急预案

（1）发生辐射伤害时，应急救援人员应首先封闭现场，设置警戒区域，禁止人员随意出入，同时报告公司设备部、调度中心、安全环保部等单位及相关人员。

（2）由主控室联系计控专业人员及相关部门关闭或控制放射源。

（3）受到辐射伤害的人员立即由急救中心组织处理。

（4）由计控专业人员指挥清理现场，并对垃圾进行专业处理。

（5）放射源丢失、被盗事故应急预案。

（6）区域人员、计控专业人员检查发现放射源丢失后，应立即通知公司设备部，由设备部通报安全环保部、保卫部。

（7）区域及计控专业人员及时保护现场，严防人为破坏。

（8）区域、设备部主管人员协助有关部门查找线索，积极寻找丢失、被盗放射源，及时破案、找回放射源。

（9）详细记录事故经过及处理情况，填写事故报告。

（10）按照规定对事故责任者进行考核。

第3章　种子过滤岗位作业标准

第1节　岗位概况

1　工作任务

将细种子沉降槽底流送至分解尾槽，溢流送板式换热器；把种子过滤机产出的滤饼连同沉降的精液送晶种槽混合均匀后送分解首槽；把种子过滤机滤液送细种子沉降，溢流送分解分级；给宽流道板式换热器和螺旋板式换热器提供冷水，并保证水温和水质。

2　工艺原理

过滤机采用真空过滤原理，达到液固分离，滤饼作为晶种；滤液进入细种子沉降槽进一步浓缩；细种子沉降槽采用物理沉降原理，达到液固分离。

3　工艺流程

13号、14号分解槽的浆液自压至种子立盘过滤机过滤，滤饼作为晶种与精液混合送至分解首槽进行晶种分解；滤液进入母液槽，再送入细种子沉降槽或细种子沉降溢流槽，沉降槽溢流进入溢流槽，再经板式热交换器换热升温后作为蒸发原液，沉降槽底流返回分解13号、14号槽。

第2节　安全、职业健康、环境、消防

参见第1章第2节。

第3节　作　业　标　准

1　作业项目

1.1　细种子沉降作业

1.1.1　细种子沉降开车准备

（1）检查安全设施是否齐全完好。

（2）准备好原材料、工器具，上好人孔，检查和排除影响设备运转的障碍物。

（3）检查耙机主轴及机械、电气各连接部位螺栓是否齐全紧固，各润滑点润滑是否正常。

（4）开车前联系电工检查电气绝缘情况。

（5）检查溢流槽、溢流泵、底流泵、污水泵的阀门是否改好，管道是否畅通、正确。

（6）溢流泵、底流泵、污水泵开车前盘车两圈以上，转动灵活方可启动。

（7）泵浦应密封良好，不泄漏。开泵前先打开密封冷却水，并控制好水量。

（8）确认沉降槽无结疤、沉淀，余料放空，开空车检查传动部分。试车无问题后，通知相关岗位做好开车准备。

（9）检查计控仪表是否完好，显示是否准确。

1.1.2　开车步骤

（1）启动耙机，启动母液泵向槽内进母液。

（2）当母液进到满槽后，联系开种子旋流器，启动底流泵打循环。

（3）观察底流固含和搅拌负荷，根据固含情况，适时停止打循环，联系开细种子过滤机，将底流送细种子过滤机。在循环过程中若搅拌负荷增高较快，可提前停止循环，向过滤机出料。

（4）沉降槽出溢流后，联系板式岗位，准备开溢流泵。

（5）溢流槽达到一定液位，可以满足泵正常运行时，启动溢流泵，将母液送板式。

1.1.3　正常作业

（1）经常注意耙机电动机运行电流高低，发现搅拌负荷增大时，加大底流泵出料量，待耙机运行电流正常后，再减小底流泵出料。

（2）经常检查溢流情况，保证进出料平衡，避免跑浑。

（3）与板式岗位联系，控制溢流泵的电流，保持泵外送流量稳定，避免流量过大或过小。

（4）根据板式岗位的开停车要求，倒开相应的溢流泵。

（5）沉降槽温度保持稳定，出现较大波动时要及时通知分解分级进行调整。

（6）定期对阀门进行活动，并对丝杆加油润滑，保持灵活好用。

（7）按点向化验中心索要指标，并做好记录。

1.1.4　停车步骤

（1）切断分料箱向沉降槽进料流程。

（2）用底流泵将高固含料浆继续送往过滤机，随时取样观察及分析，当固含不足100g/L时将底流料浆送往另外一台沉降槽。

（3）安排进化学清洗液泡洗沉降槽。

（4）泡洗结束后，撤空进行检查检修。

1.1.5　紧急停车

（1）如发现沉降槽耙机突然停电造成停车，首先联系种子旋流器停止进料，加大底流出料（或底流打循环），同时汇报主操和区域负责人，并联系电工检查处理。对沉降槽耙机盘车，直到来电为止。

（2）如果沉降槽耙机因机械故障无法启动，首先联系种子旋流器减少向沉降槽来料量，切断本台沉降槽进料，同时加大底流出料，尽快拉清或拉空沉降槽；联系检修。

1.2　种子过滤作业

1.2.1　种子过滤开车准备

（1）检查安全设施是否齐全完好。

（2）接到开车通知后，与相关岗位联系，准备开车。

（3）停车8h以上（雨天4h），找电工测量电机绝缘情况。

（4）检查泵浦、搅拌盘车是否正常。

（5）检查所使用管路流程是否正确，槽体人孔是否封好，检查各个阀门是否开关到位、灵活好用。

（6）检查计控仪表是否齐全完好，显示准确。

（7）检查设备润滑部位润滑情况。检查各连接点、紧固部位的螺栓，松的紧固、缺的补齐。

1.2.2　开车步骤

（1）启动晶种槽、溢流槽、污水槽搅拌。

（2）启动立盘过滤机空转。

（3）启动真空泵，打开排空阀无负荷运转。

（4）改好母液泵、晶种泵进出口流程，启动母液泵；启动晶种泵，电机频率调整到10%。

（5）通知板式热交换器给细晶种槽送精液，分解分级岗位给粗晶种槽送Ⅰ段出料料浆。

（6）当晶种槽液位达到2m时，通知分解分级、细种子沉降给立盘过滤机送粗、细种子料浆。

（7）当立盘过滤机滤浆槽液面达到2/3时，打开立盘过滤机真空阀，真空泵带负荷，调整好立盘滤浆槽液面。

（8）当晶种槽液位达到4m，母液槽液位达到2m时，调大晶种泵电动机频率，提高母液泵电流，根据液位情况调整输送流量。正常开车晶种泵严禁低频率运行。

（9）当溢流槽液位达到2m时，启动溢流泵。

1.2.3　正常作业

（1）粗、细晶种槽液位稳定在4～7m范围内，避免过高冒槽，过低影响搅拌效果。

（2）发现搅拌负荷增大时，加大晶种泵送料量，待电动机电流正常后，再减小晶种泵送料量。

（3）调节过滤机进料，保持高液面作业，适当溢流。保持高真空、适宜的转速和吹风量，降低滤饼附液量。

（4）通过调整精液量、过滤机效率，使送往分解槽固含符合要求。

（5）真空泵、空压机、过滤机的开车要相互匹配，保持高效率。

（6）每班对阀门活动两次，保持丝杆润滑，灵活好用。

1.2.4　停车步骤

（1）联系分解分级、细种子沉降停送粗、细种子料浆，确认停料后关闭进料阀。

（2）待立盘过滤机滤浆槽内液面降到2/3以下时，关闭真空阀、吹风阀，停真空泵、空压机。

（3）打开立盘过滤机放料阀放料。

（4）料放空后关闭放料阀，联系启动热水泵，打开热水阀冲洗滤浆槽及滤布15min后，联系停热水泵。

（5）打开放料阀，料放空后，停立盘。

（6）联系停 I 段出料料浆、精液。确认精液、I 段出料停料后，关闭精液进细晶种槽阀门、I 段出料进粗晶种槽阀门。母液槽拉空后停母液泵。晶种槽、溢流槽拉空刷完泵出口管后，停晶种泵、溢流泵。

（7）打开各槽放料阀，将各槽内存料放净（根据停车要求，临时停车，槽内物料可以保持适当液位；如果长时间或检修需要，槽内物料要全部放空，搅拌停车）。

（8）启动污水泵，打空污水槽。

1.3　立盘过滤机作业

1.3.1　立盘过滤机开车准备

（1）检查安全设施是否齐全完好。

（2）接到开车指令，联系相关岗位，通知真空泵、晶种泵等附属设备做好开车准备。

（3）电气设备开车前必须找电工检测电动机绝缘情况。

（4）减速机、大瓦、蜗轮箱必须加足油并保持油质良好。

（5）检查设备润滑部位润滑情况。检查各连接点、紧固部位的螺栓，松的紧固、缺的补齐。

（6）检查滤布有无破损，扇形板是否稳固，滤浆槽内应无杂物，刮刀位置应合适不挂布。

（7）检查放料阀是否能关严，进料阀、精液阀、吹风阀是否开关到位，灵活好用，进料管、吹风管是否畅通。

1.3.2　开车步骤

（1）通知启动真空泵、空压机（见真空泵（空压机）作业标准）。

（2）通知启动晶种槽搅拌、晶种泵及相关附属设备。

（3）启动立盘，空车平稳运行。

（4）打开精液进细晶种槽阀门，或打开 I 段出料进粗晶种槽阀门。

（5）关闭放料阀，打开进料阀，联系分解分级送料。

（6）待滤浆槽内液面达到 2/3 以上时，打开真空阀。

（7）打开吹风阀，调整立盘吹风至大小合适。

（8）调整精液（或 I 段出料）量至大小合适，稳定添加晶种。

1.3.3　正常作业

（1）过滤机要高真空、高液面作业。真空阀门开度 2/3 以上，以保证过滤机高效率工作。

（2）发现过滤布有洞要及时补布。布烂五个洞以上或挂烂无法补时要及时交班换布。必须查明布挂烂的原因。

（3）布虽未烂，但由于使用时间较长（如无纺布），吸料效果不好的也要及时交班换布。

（4）要认真做好过滤机润滑、维护工作。每班要对过滤机认真地检查一次润滑油的情况，如缺油或变质，要及时加足或更换。

（5）发现过滤机各传动部位的螺丝松动要及时紧固，掉了的要及时补上。

（6）交班前要对过滤机的卫生进行认真的打扫，真空头、大瓦、漏斗和地坪都要清扫干净，达到无结疤、无结垢、无积料。

（7）定期对阀门进行活动，放料阀要保证灵活好用，不能有漏料和放不下料的现象。

（8）所有设备交班前必须开空车，接班后要及时把空车停下来。

1.3.4　停车步骤

（1）联系分解分级岗位或细种子沉降岗位停料后，关闭进料阀。

（2）待立盘过滤机滤浆槽内液面降到 2/3 以下时，关闭真空阀、吹风阀，停真空泵、空压机。

（3）打开立盘过滤机放料阀放料。

（4）料放空后关闭放料阀，联系启动热水泵，打开热水阀冲洗滤浆槽及滤布 15min 后，停热水泵。

（5）打开放料阀，料放空后，停立盘。

（6）联系停 I 段出料浆、精液。确认精液、I 段出料停料后，关闭精液进细晶种槽阀门、I 段出料进粗晶种槽阀门。

1.3.5　紧急停车及汇报、处理

（1）立盘停电后，立即汇报，联系相关岗位停止进料，同时联系电工检查处理。

（2）关闭进料阀、真空阀及吹风阀，打开放料阀放空滤浆槽内料浆，同时将立盘及滤浆槽冲洗干净。

1.4　晶种槽、溢流槽、母液槽和真空泵（空压机）作业标准

1.4.1　晶种槽、溢流槽、母液槽和真空泵（空压机）开车准备

（1）检查安全设施是否齐全完好。

（2）接到开车通知后，与相关岗位联系好。

（3）停车 8h 以上（雨天 4h）；找电工测量电机绝缘情况。

（4）检查使用管道流程是否正确，槽体人孔是否封好，检查各个阀门是否开关到位、灵活好用。

（5）晶种泵、溢流泵、母液泵、真空泵等泵和空压机进行盘车转动两圈以上，检查转子转动是否正常，密封良好。

（6）晶种槽、溢流槽、母液槽等搅拌空试正常。

（7）检查计控仪表是否齐全完好，显示准确。

（8）检查设备润滑部位润滑情况，减速机油位是否正常。检查各连接点、紧固部位的螺栓，松的紧固、缺的补齐。

（9）新安装、检修的设备待验收合格后方可使用。

1.4.2　开车步骤

（1）启动晶种槽、溢流槽、母液槽搅拌。

（2）检查槽内液位是否超过浆叶。待搅拌运行平稳后方可离去。

（3）打开晶种泵、泵密封冷却水；关闭放料阀门；启动电动机，打开晶种槽出口阀门；提晶种泵频率至 85% 左右。

（4）打开溢流泵密封冷却水；关闭放料阀门；启动电动机，打开溢流槽出口阀门。

（5）打开母液泵密封冷却水；关闭放料阀门；启动电动机，打开母液槽出口阀门。

（6）真空泵（及空压机）的启动方法与步骤：

1) 从进水管道注入清水，冲洗泵腔 10min，同时用手转动转子，然后放出泵内污水，继续注入清水。

2) 打开进气辅助阀门（关闭空压机进气阀门），关闭放水阀。

3) 启动电动机。

4) 打开进气阀门，同时关闭进气辅助阀门。空压机打开出口阀门，再打开进气阀门（不能造成憋压）。

5) 调节进水压力，使真空度（或风压）正常。

6) 调节空压机出口空气罐排水阀，使空气罐水位正常。

1.4.3　正常作业

（1）检查晶种槽、溢流槽、母液槽搅拌电动机的电流变化。调整晶种槽固含、精液（或Ⅰ段出料）量，保持晶种泵高效率运行，晶种槽液位稳定在 4~7m 内，溢流槽液位稳定在 2~4m 内，母液槽液位稳定在 4~6m 内。

（2）检查晶种泵、溢流泵等泵类设备运行电流、输送流量的变化，发现波动要及时进行调整。

（3）检查真空泵、空压机运行情况。立盘过滤机真空度、反吹风压力低时，可以加大泵的循环水流量或增开泵台数；压力高时，减开真空泵或减少泵循环水流量，为立盘提供稳定的真空和吹风。

（4）空压机、真空泵上水压力、水量正常。

（5）泵浦设备的密封水压、水量正常。

1.4.4　停车步骤

（1）晶种泵停车。晶种槽料浆拉低，关闭槽出口阀门。打开高压水阀门，冲洗管道 5~10min，关闭高压水阀门。打开放料阀门，缓慢降低泵转速，料放完以后停泵。关闭泵密封用水。

（2）溢流泵停车。将溢流槽料浆拉低，关闭槽出口阀门。打开高压水阀门，冲洗管道 5~10min，关闭高压水阀门。打开放料阀门，停泵放料。关闭泵密封用水。

（3）晶种槽停车。将晶种槽液位拉至最低，确认搅拌桨叶已露出槽内液面。关闭槽子出口阀门，停搅拌电动机，将控制按钮打到"零"位。

（4）母液槽停车，将母液槽拉低，停泵倒料。数分钟后，关闭母液槽出口阀门，打开放料阀门。将控制按钮打到"零"位。

（5）溢流槽停车。将溢流槽拉空，确认搅拌桨叶已露出槽内液面。关闭槽子出口阀门，停搅拌电动机，将控制按钮打到"零"位。

（6）启动污水泵，将污水槽打空停泵。

（7）真空泵（及空压机）的停车方法与步骤：

1) 打开进气辅助阀。

2) 空压机先关闭进气阀门（停车之后关闭出口阀门）。

3) 关闭进水阀，打开空气罐排水阀。

4) 停电动机，将控制按钮打到"零"位。

5) 放出泵内积水，并经常盘车。

1.5　循环水降温作业

1.5.1　循环水降温开车准备

（1）循环水泵启动准备：

1）检查安全设施是否齐全完好。

2）联系相关岗位准备开车。

3）停车 8h 以上（雨天 4h），找电工测量电动机绝缘情况。

4）检查流程是否正确，槽体人孔是否封好，检查各个阀门是否开关到位、灵活好用。

5）泵浦设备进行盘车转动两圈以上，检查转子转动是否正常，密封良好。

6）检查冷、热水池中的水位是否满足开车要求，打开泵壳上排气阀进行排气，直至出水为止。

7）检查计控仪表是否齐全完好，显示准确。

8）检查设备润滑部位润滑是否良好。检查各连接点、紧固部位的螺栓，松的紧固、缺的补齐。

9）新安装、检修的设备待验收合格后方可使用。

（2）冷却塔启动前的准备：

1）检查安全设施是否齐全完好。

2）风机启动前，检查电动机绝缘情况。

3）检查减速机润滑是否正常。检查连接柱销、传动轴花键是否松动，磨损是否影响正常开车。

4）冷却塔风机盘车两圈以上，清除影响转动的杂物。检查风机叶片各处连接有无松动，叶轮旋转是否灵活。

1.5.2　开车步骤

（1）循环水泵开车

1）得到相关岗位回复可以开车时，关闭泵放料阀，启动电动机，打开泵出口阀门。

2）缓慢打开泵进口，观察水压和电流的变化，电流不能超过额定值。调整阀门开度，使出口压力、流量达到生产要求。

（2）冷却塔风机开车

1）冷却塔启动时一定要先开水泵，后开风机。不允许在没有淋水的情况下，使风机运转。

2）启动风机运行按钮。

3）应上塔检查风机的运行情况，听风机运转声音，正常后方可离开。风机首次运转时不可倒转，使抽风成送风。必须经过一定时间（1 小时左右）的试运转，然后停车检查，确认各部件完好无变形和松动后，方可正式运行。

4）应经常注意电流变化，如超过额定电流，必须立即停止运转进行检修。

5）打开回水进冷却塔阀门，调整阀门开度，使各台冷却塔进水量均匀。

1.5.3　正常作业

（1）根据冷、热水池中的水位进行补水，保持水位稳定。发现水位有异常波动时，要及时查明原因。

（2）经常监测冷却塔进出水温度，及时调整泵和风机的开车台数及效率，使水温、水压保持稳定。

（3）检查轴承温度，若温度超标，必须停下进行检查。

（4）应经常观察检查布水装置是否正常。

（5）循环水在水质不好时，应进行加药处理或加强排污。

1.5.4　停车步骤

（1）冷却塔风机停车

1）按风机停车按钮，使风机停止运行。

2）冷却塔停用时，应关闭给水管上的阀门，并将管内、泵内的水放空。

3）检查风机、电动机有无异常，使之处于良好的备用状态。

4）将污水槽打空，停下污水泵。

（2）循环水泵停车

1）与相关岗位联系好，得到回复后安排停车。

2）检查冷、热水池中的水位是否满足停车缓冲，应避免停车水位过高造成水池冒槽。

3）按停止按钮，停泵，待泵停止转动后，关进口阀门。

4）打开放料阀将管内、泵内存水放尽。

5）检查风机、电动机有无异常，使之处于良好的备用状态。

1.6　离心泵作业标准

1.6.1　离心泵开车准备

（1）检查安全设施是否齐全完好。

（2）联系电工检查电气绝缘。

（3）检查各润滑点油质、油量是否符合要求。

（4）检查槽存料位是否满足开泵要求。

（5）手动盘车两圈以上。

（6）打开密封冷却水，检查水压、水量是否正常。

1.6.2　开车步骤

（1）非变频泵：关闭放料阀，打开泵出口阀。启动主电动机。缓慢打开泵进口阀门，逐渐提高电流（或流量）至要求范围。

（2）变频泵：关闭放料阀，打开泵出口阀。启动主电动机频率调至 10% 以下。打开泵进口阀门，逐渐提高泵转速，使电流（或流量）达到要求范围。

1.6.3　正常作业

（1）检查泵有无杂音，泵体振动是否偏大。

（2）检查泵轴承温度（夏季低于 70℃，冬季低于 60℃）。

（3）检查密封有无漏水漏料现象。

（4）检查泵润滑情况。

（5）检查泵上料情况。

1.6.4　停车步骤

（1）非变频泵料浆泵：将槽液位拉低，关闭槽出口阀门；打开高压水（母液）阀门，冲洗管道 5~10min，关闭高压水（母液）阀门；打开放料阀门，停泵放料；关闭泵密封冷却水。

（2）非变频泵溶液泵：将槽液位拉低，停泵倒料数分钟后，关闭槽出口阀门；打开放料阀门放空存料，关闭泵密封冷却水。

（3）变频泵料浆泵：将槽液位拉低，关闭槽出口阀门；打开高压水（母液）阀门，冲洗管道 5～10min，关闭高压水（母液）阀门；打开放料阀门，缓慢降低泵转速，料放完以后停泵；关闭泵密封冷却水。

（4）变频泵溶液泵：将槽液位拉低，缓慢降低泵转速，关闭槽出口阀门；打开放料阀门，料放完以后停泵；关闭泵密封冷却水。

1.6.5　倒泵作业

倒泵前应将槽液位拉低，具有一定的缓冲空间，倒泵作业要根据具体的流程物料特点和泵配置情况进行作业。原则是先开后停。

（1）单泵单管情况：按离心泵作业标准启动备用泵；正常运行后，停待停泵。

（2）多泵共用出口管情况

1）非变频泵

①关闭备用泵放料阀，启动电动机。

②缓慢打开备用泵出口阀，缓慢关闭待停泵进口阀，同时缓慢打开备用泵进口阀门，开关时要相互配合好，避免冒槽和出口流量过大造成打垫子。

③缓慢关闭待停泵出口阀，打开放料阀，料放完后停泵。

2）变频泵

①关闭备用泵放料阀，启动电动机频率调至 10% 以下，先打开备用泵进口阀，再逐步打开出口阀。

②缓慢降低待停泵的电动机频率（直至 10% 以下），逐渐提高备用泵电动机频率（至正常运行），提、降频率要相互配合好，避免冒槽和出口流量过大造成打垫子。

③缓慢关闭待停泵出口阀，电动机频率降至 10% 以下，关闭待停泵进口阀，打开放料阀，料放完后停泵。

1.7　巡检作业及巡检路线

1.7.1　种子过滤巡检作业

（1）每小时认真、详细地巡回检查一次。对检查中发现的问题要立即处理，不能处理的，应尽快通知主操。

（2）检查空压机出口压力、真空泵的真空度高低。空压机、真空泵的水量应适当。

（3）轴承温度夏季应低于 70℃、冬季应低于 60℃。

（4）管道阀门、垫子、泵浦密封无渗漏现象。

（5）晶种槽搅拌电流运转要平稳，液位稳定，无溢流现象，严防晶种泵打空泵。

（6）观察滤浆槽高液面滤饼吸附情况，及时调整吹风大小（以可以吹脱滤饼，不往滤浆槽内掉入大量滤饼，同时又不使布鼓起幅度过大为宜）。

（7）检查漏斗内有无积料。

（8）检查刮刀与滤板间的间隙，扇形板的偏摆幅度是否大于 10mm，根据需要进行调整，并检查刮刀的刃部是否光滑。

（9）检查扇形板的拉杆有无弯曲，弧形钢连接螺栓是否紧固。

（10）检查分配头是否松动、脱落及窜风。

（11）真空泵、空压机等皮带传动的设备，在设备启动、运行、停车等过程中要对皮带松紧、磨损情况进行检查，发现问题要及时联系处理。

1.7.2　种子过滤巡检路线

操作室→一楼粗晶种泵（槽）→母液泵（槽）→溢流泵（槽）→母液槽、溢流槽顶→细晶种泵（槽）→真空泵→空压机→二楼晶种槽顶→三楼过滤机底部、管网→四楼粗种子过滤机→细种子过滤机→操作室

1.7.3　细种子沉降巡检作业

（1）检查沉降槽电动机及传动系统运行是否正常。

（2）检查沉降槽是否跑浑，发现异常及时处理，并和主操联系，进行调整，稳定指标。

（3）认真检查沉降槽附属设备运行情况：有无振动、杂音等异常情况，发现异常要及时处理并做好记录。

（4）检查泵浦密封冷却水的水质、水量，严禁断水。

（5）检查电动机电流显示是否正常和稳定，温升及电流不得超过铭牌规定；检查电气部分有无烧焦味及打火等现象，发现异常及时联系电工处理。

（6）检查各传动、运转及各联动部位螺栓是否齐全紧固。轴承温度：夏季应低于70℃、冬季应低于60℃。

（7）检查各润滑点油量是否适中、润滑油是否变质、油箱是否漏油，根据情况适当加油或彻底换油，油箱漏油要及时汇报。

（8）检查阀门及管道法兰是否有漏点，并采取措施处理，杜绝跑、冒、滴、漏；定期对阀门进行活动，并对丝杆加油润滑，保持灵活好用。

（9）检查计控仪表是否完好，显示是否准确。

（10）每小时巡回检查一次，设备不正常时不得离开现场。

（11）认真填写各种记录。

1.7.4　细种子沉降巡检路线

操作室→溢流泵→溢流槽→沉降槽底→沉降槽顶→操作室

循环水降温巡检作业：

（1）对检查中发现的问题要立即处理，不能处理的，应尽快通知主操。

（2）轴承温度夏季应低于70℃、冬季应低于60℃。

（3）管道阀门、垫子无渗漏现象。

（4）检查泵电流是否正常，严防打空泵和超负荷。

（5）检查污水槽是否打空，打空后及时停泵。

（6）检查冷、热水池中的水位是否稳定在要求范围内。

（7）冷却塔运行时应经常观察检查风机运行情况，包括电流、风机振动与噪声、减速机油位、是否漏油等。

1.7.5　循环水降温巡检路线

操作室→循环水泵→冷水池→冷却塔→操作室

2　常见问题及处理办法

2.1　立盘过滤机（表 3-1）

表 3-1　立盘过滤机常见生产事故分级判断及处理

序号	故障名称	故 障 原 因	处 理 方 法
1	滤饼脱落	真空突然降低	检查真空泵
		真空阀开度小	开大阀门
		受液管堵	清理管道
		液面太低	提高液面
		滤布破损严重	换布
2	滤浆槽压料或沉淀	固含太高	调整母液量，增大液固比
		刮刀距离太远，滤饼掉进滤浆槽	调整刮刀距离
		液面太低	提高液面
		真空度降低，处理不及时	及时查真空降低的原因
3	跑滤液	真空受液槽锥底或滤液管堵	检查清理
		汽液分离器锥底或液封管堵	检查清理
		真空度太高	降低真空度
		受液系统有漏真空处	检查处理
4	立盘吸料不好或不吸料	滤布老化、或破损严重	换布
		液面低	提高液面
		真空太低	开大真空阀门、增开真空泵
		分配头窜风	检修分配头
		滤液管堵	清理检查受液系统
5	立盘吹风停或吹风小	空压机跳停，压缩空气压力为零	联系电工处理，重新启动
		空压机进水量小	调整进水量，保持稳定
		分配头窜风	检修分配头
		风阀故障	停车后处理或更换风阀
6	轴瓦发热	缺油	应加足油
		过紧	调好
		轴瓦有问题	停下检修或更换
7	滤布破损	刮刀边缘不光滑或有结疤	清除结疤或更换刮刀
		平时吹风过大	吹风要调适当
		滤布用的时间过长	更换新布
8	扇形板偏摆程度大	紧固螺栓弯曲或松动	对螺栓进行更换或紧固螺栓
		扇形板变形	修复或更换扇形板

2.2　晶种槽、溢流槽、母液槽（表 3-2）

表 3-2　晶种槽、溢流槽、母液槽常见生产事故分级判断及处理

序号	故障名称	故障原因	处理方法
1	搅拌停车	电器有问题	槽内未沉淀必须盘车，同时找电工处理，沉淀后必须打开人孔，将槽内积料清理干净，盘车送电重新启动，上好人孔
		槽内液固比太小，负荷重	处理重启动后，通知立盘过滤机调整液比
		扇形板及刮刀等杂物掉入	打开人孔，将杂物清理后重新启动
		减速机机械故障	停车检修处理
2	轴承振动、发热	零部件磨损，连接螺栓松动，油太少或太多及油变质	检修处理，紧固螺栓，加足油或换油
3	冒槽	进料或放料量太大	通知板式、过滤机调整进料量
		泵打不上料或料量小	参见离心泵故障处理
		泵跳停	参见离心泵故障处理

2.3　真空泵（表 3-3）

表 3-3　真空泵常见生产事故分级判断及处理

序号	故障名称	故障原因	处理方法
1	真空度不足	进水量过大	调节进水，保持适当水量
		进水停或进水量不足	联系送水、清理进水管或开大阀门
		进水温度高	降低进水温度
		叶轮堵、内部漏气	拆解修理
		盘根漏气	更换压紧盘根
		进气管空气泄漏	修补管路
		进气管不畅	检查阀门开度和过滤器阻塞
		主部件磨损或腐蚀	拆解修理或更换备品
		泵浦反转	改变电动机接线
2	不启动或启动困难	叶轮被外界物质黏结	拆解清理
		叶轮被锈蚀黏结	人工盘车或拆解清理
		填料太干、太紧	松开填料，注入润滑脂或更换填料
		启动水位过高	检查自动排水阀
		电流失效	检查并修理电路
3	电动机过载	封水流体过量	调节封水流体阀
		电流失效	检查因异常电压低落的过流
		电流表不准	检查并修理
		转动部件损坏或失效	拆解检查是否因滑移面接触而使轴承损坏
		泵排口产生背压	检查阀门开度和管线阻尼，解除背压

续表 3-3

序号	故障名称	故 障 原 因	处 理 方 法
4	噪声振动	进水量过大	调节阀门开度，保持适当水量
		吸压太低	可能产生气涡，解除吸压低落原因
		转动零件损坏或失效	拆解检查是否因滑移面接触而使轴承损坏，必要时修理或更换
		安装或配管不良	调查原因并改善
5	箱体过热	进水量不够	调节阀门开度，保持适当水量
		进水水温高	降低水温度
6	轴承过热	联轴器对心不良	联系检修校对
		泵组装不良	联系检修重组
		润滑不良，油过量或缺油	调节油量
		黄油不纯净或有外界物质混入	联系检修拆解、清洗，并换油
		轴承损坏	联系检修拆解并更换

2.4　空压机（表3-4）

表 3-4　空压机常见生产事故分级判断及处理

序号	故障名称	故 障 原 因	处 理 方 法
1	风压不足	进水量过大	调节进水，保持适当水量
		进水停或进水量不足	联系送水、清理进水管或开大阀门
		进水温度高	降低进水温度
		叶轮堵、内部漏气	拆解修理
		密封漏气	检修，更换密封
		进气管不畅	检查阀门开度和过滤器阻塞
		主部件磨损或腐蚀	拆解修理或更换备品
		泵浦反转	改变电动机接线
2	不启动或启动困难	叶轮被外界物质黏结	拆解清理
		叶轮被锈蚀黏结	人工盘车或拆解清理
		填料太干、太紧	松开填料，注入润滑脂或更换填料
		启动水位过高	检查自动排水阀
		电流失效	检查并修理电路
3	电动机过载	封水流体过量	调节封水流体阀
		电流失效	检查因异常电压低落的过流
		电流表不准	检查并修理
		转动部件损坏或失效	拆解检查是否因滑移面接触而使轴承损坏
		泵排口背压过大	检查阀开度和管线阻尼，解除背压

序号	故障名称	故 障 原 因	处 理 方 法
4	噪声振动	进水量过大	调节阀开度，保持适当水量
		吸压太低	可能产生气涡，解除吸压低落原因
		转动零件损坏或失效	拆解检查是否因滑移面接触而使轴承损坏，必要时修理或更换
		安装或配管不良	调查原因并改善
5	箱体过热	进水量不够	调节阀门开度，保持适当水量
		进水水温高	降低水温度
6	轴承过热	联轴器对心不良	联系检修校对
		泵组装不良	联系检修重组
		润滑不良，油过量或缺油	调节油量
		黄油不纯净或有外界物质混入	联系检修拆解、清洗，并换油
		轴承损坏	联系检修拆解并更换

2.5　离心泵（表 3-5）

表 3-5　离心泵常见生产事故分级判断及处理

序号	故障名称	故 障 原 因	处 理 方 法
1	轴承发热	缺油、油变质	加适量油或换油
		转动部位装配不好，轴中心不正	检修处理
		轴承磨损	更换轴承
2	电动机、泵振动有响声	装配不好，中心不正，零件磨损严重	检查处理
		地脚螺栓松动	紧固地脚螺栓
		泵内有杂物	清理泵内杂物
		泵进料少	加大进料量
3	泵打不上料或料量小	槽（池）液位低或泵进出口管道堵塞	补液位或清理管道
		进料液固比太小（固含太高）	加大液量或减少滤饼添加量
		叶轮磨损、脱落或堵塞	更换或清理叶轮
		进出口阀（包括槽出口阀）开度太小、堵塞或损坏	开大阀门、清理阀门或更换阀门
		进出口阀门改错	改正阀门
		盘根漏料严重	压紧或更换盘根
		放料阀未关严	关严放料阀
		泵的转向不对	联系电工处理
		电动机单相转速低	联系电工处理
4	水泵内部声音反常，水泵不吸水	进水阀门没有打开	打开进水阀门
		进水量太小	增加水流量
		泵内有杂物	清除泵内杂物
		在吸水处有空气渗入	处理漏气点

序号	故障名称	故 障 原 因	处 理 方 法
5	泵跳停	机械电器故障	联系电工处理
		负荷过大	适当降低进料量
		泵内进入杂物	清理、检修
6	泵打垫子	进料阀门开得太大太猛	保护好电器设施，关闭进口阀门停泵放料，处理好后重新开车
		出口管堵塞或结疤严重	清理（洗）出口管
		出口阀门开得太小或阀板脱落	开大阀门，更换阀门

第 4 节　质量技术标准

质量技术标准为：

立盘母液浮游物 ≤2g/L　　　　　　　水洗温度 ≥90℃

细种子沉降溢流浮游物 ≤1g/L　　　　循环上水温度：冬季 ≤28℃

碱洗碱液浓度 ≥280g/L　　　　　　　　　　　　　　夏季 ≤35℃

低压风压力 ≥0.15MPa　　　　　　　立盘滤饼附液率 ≤20%

高压风、仪表风压力 ≥0.6MPa

第 5 节　设　　备

1　设备、槽罐明细表

1.1　细种子沉降（表 3-6）

表 3-6　细种子沉降设备技术规格

序号	设 备 名 称	技 术 规 格	数量
1	沉降槽	$\phi 40000 \times 5000$，物料成分：种分母液，浆料相对密度：1.2，固含：150g/L，NaOH 浓度：150g/L	2
	附：耙机及驱动装置	$N = 4 \times 7.5$kW	2
2	底流泵	型号：100ZZ-46，$Q = 180\text{m}^3/\text{h}$，$H = 35$m，浆料相对密度：1.5，固含：400g/L，NaOH 浓度：150g/L	4
	附：电动机	$N = 55$kW	4
3	溢流槽	$\phi 8000 \times 8000$	2
4	溢流泵	型号：SEH150-500A，$Q = 500\text{m}^3/\text{h}$，$H = 60$m，浆料相对密度：1.2，NaOH 浓度：150g/L，带变频	6
	附：电动机	$N = 160$kW	6
5	污水槽	$\phi 3000 \times 3000$，浆料相对密度：1.2，固含：50g/L，设备带搅拌，要求搅拌均匀，不沉淀	1
	附：搅拌及驱动装置	$N = 4$kW	1
6	立式污水泵	型号：JLZ100-350，$Q = 100\text{m}^3/\text{h}$，$H = 37$m，浆料相对密度：1.2	1
	附：电动机	$N = 37$kW	1

1.2　种子过滤（表 3-7）

表 3-7　种子过滤设备技术规格

序号	设备名称	技术规格	数量
1	种子过滤机	型号：HDLP-120，$\phi4.69m$，四盘，$F=120m^2$/台，$1\sim4.7r/min$，滤盘数量：4，过滤能力（固含 $\geqslant550g/L$）$\geqslant4t/(h\cdot m^2)$，真空抽气量（$0.3\sim0.6\times10^5Pa$ 绝压）：$8550\sim10800m^3/h$，反吹气量（$0.06\sim0.12MPa$ 表压）：$1800\sim2200m^3/h$	8
	附：驱动电动机	型号：RF147-DV180L4/V，$N=22kW$	8
	附：润滑电动机	$N=0.06kW$	8
	附：风扇电动机	$N=0.04kW$	8
	附：抗冷凝加热器电动机	$N=0.2kW$，220V	8
2	真空受液槽	$\phi2000\times4300$	16
3	气液分离器	$\phi1800\times4150$	8
4	真空泵	型号：SKA（2BE3）520，$Q=11000m^3/h$，真空度 0.03MPa（绝压），皮带传动，极限真空 16000Pa	8
	附：电动机	$N=220kW$	8
5	压气机	型号：SKA（2BE1）303，皮带传动，设计排气压力 0.12MPa（表压）	8
	附：电动机	$N=160kW$	8
6	滤饼槽（晶种槽）	$\phi6000\times11000$，料浆相对密度：$1.6\sim1.7$，固含：600（g/L），Na_2O 浓度：150g/L，带搅拌，要求均匀，不沉淀	8
	搅拌及驱动装置	型号：DFV200L4/C，$N=30kW$，$n=1470r/min$，IP55，CBY，俯视为顺时针	8
	附：减速机	SEW 减速机，出轴转速 34r/min	8
7	粗晶种泵	型号：200zz-61，$Q=575m^3/h$，$H=62m$，变频调速，浆料相对密度：$1.6\sim1.7$，Na_2O 浓度：150g/L	6
	附：电动机	$N=315kW$	6
8	细晶种泵	型号：200zz-61，$Q=500m^3/h$，$H=62m$，变频调速，浆料相对密度：$1.6\sim1.7$，固含：500g/L，Na_2O 浓度：150g/L	6
	附：电动机	$N=315kW$	6
9	溢流槽	$\phi10000\times8000$，浆料相对密度：$1.6\sim1.7$，固含：$600\sim850g/L$，Na_2O 浓度：150g/L，带搅拌，要求搅拌均匀，不沉淀	2
	搅拌及驱动装置	型号：DFV250M4/C/OS2（带防雨罩），转速 1475r/min，$N=55kW$，IP55	2
	附：减速机	M3PVSF70，使用系数：3.05，转速：1480/18.6r/min	2
10	溢流泵	型号：150ZZ-55，$Q=290m^3/h$，$H=50m$，变频调速，浆料相对密度：1.6，固含：500g/L，Na_2O 浓度：150g/L	2
	附：电动机	$N=132kW$	2

序号	设 备 名 称	技 术 规 格	数量
11	母液槽	$\phi12000 \times 8000$，浆料相对密度：1.2，物料固含：100g/L，Na_2O 浓度：150g/L，带搅拌，要求搅拌均匀，不沉淀	2
	搅拌及驱动装置	型号：DFV250M4/C/OS2（带防雨罩），转速 1475r/min，$N =$ 55kW，IP55	2
	附：减速机	型号：M3PVSF70，使用系数：3.05，转速：1480/18.6r/min	2
12	母液泵（大）	型号：SEH200-400C，$Q = 500m^3/h$，$H = 35m$，料浆相对密度：1.2，Na_2O 浓度：150g/L	3
	附：电动机	$N = 110kW$	3
13	母液泵（大）	型号：ZBG250-200-400C，$Q = 500m^3/h$，$H = 35m$，料浆相对密度：1.2，Na_2O 浓度：150g/L	1
	附：电动机	$N = 110kW$	1
14	母液泵（小）	型号：ZBC150-120-400I，$Q = 150m^3/h$，$H = 50m$，机械密封	2
	附：电动机	$N = 55kW$	2
15	热水槽	$\phi4000 \times 4000$	1
16	热水泵	型号：JHC65-160，$Q = 70m^3/h$，$H = 33m$，机械密封	1
	附：电动机	$N = 15kW$	1
17	污水槽	$\phi3000 \times 3000$，相对密度：1.2，固含：50g/L，设备带搅拌，要求搅拌，不沉淀	2
	搅拌及驱动装置	$N = 4kW$，减速机 RF87，转速 61r/min	2
18	立式污水泵	型号：JLZ100-300，$Q = 100m^3/h$，$H = 24m$，浆料相对密度：1.2，吸入管加长 2m	2
	附：电动机	$N = 22kW$	2
19	电动单梁悬挂起重机	$Q = 5t$，$LK = 14m$，$H = 30m$，大车小车均为 $V = 20m/min$，起升速度 8m/min	1
	大车运行电动机	$N = 0.55kW$	1
	附：电动葫芦	$Q = 5t$，$H = 30m$	1
	葫芦起升电动机	$N = 7.5kW$	1
	葫芦慢速起升电动机	$N = 0.8kW$	1
	附：葫芦运行电动机	$N = 0.8kW$	1
20	LX 型电动单梁悬挂起重机	$Q = 2t$，$LK = 6m$，$H = 10m$，起升速度 8m/min，大车小车均为 $V = 20m/min$	1
	附：大车运行电动机	$N = 0.37kW$	1
21	化学清洗槽	$\phi6000 \times 6000$	1
22	化学清洗泵	型号：ZBG200-150-400，$Q = 350m^3/h$，$H = 50m$，温度：75℃，氧化钠浓度：320g/L	1
	附：电动机	$N = 160kW$	1

1.3　分解循环水（表 3-8）

表 3-8　分解循环水设备技术规格

序号	设 备 名 称	技 术 规 格	数量
1	冷水泵	型号：JSM200-670A，$Q = 731\text{m}^3/\text{h}$，$H = 104.5\text{m}$，转速：1480r/min，NPSHr≤5.5m，效率 $\eta = 77.5\%$，机械密封	6
	附：电动机	$N = 355\text{kW}$	6
2	旁滤泵	型号：IS150-125-315，$Q = 200\text{m}^3/\text{h}$，$H = 32\text{m}$，转速：1450r/min，NPSHr≤2.5m，效率 $\eta = 79\%$，机械密封	2
	附：电动机	$N = 30\text{kW}$	2
3	全自动过滤器	型号：SQ-200，$Q = 120\text{m}^3/\text{h}$	1
4	逆流式玻璃钢冷却塔	型号：GFNGP-700，$Q = 638\text{m}^3/\text{h}$，温度差≥20℃，逆流式机械通风	4
	附：电动机	$N = 37\text{kW}$	4
	风　机	L 形冷却塔专用风机，风机直径：$\phi6000\text{mm}$，设计风量 $G = 560000\text{m}^3/\text{h}$，配用电机功率	4
	附：电动机	$N = 37\text{kW}$	4
5	潜水排污泵	型号：65WQ30-22-4，$Q = 30\text{m}^3/\text{h}$，$H = 22\text{m}$，转速 2900r/min，NPSHr≤2m，效率 $\eta = 58\%$，机械密封	2
	附：电动机	$N = 4.0\text{kW}$	2
6	潜水排污泵	型号：50WQ15-12-1.1，$Q = 15\text{m}^3/\text{h}$，$H = 12\text{m}$，转速 2900r/min，NPSHr≤1.2m，效率 $\eta = 56\%$，机械密封	1
	附：电动机	$N = 1.1\text{kW}$	1
7	电动单梁式悬挂起重机电动葫芦配电动机	型号：LX-5，起重量 $G = 5\text{t}$，跨度 $LK = 5.6\text{m}$，起升高度 $H = 9\text{m}$，运行电动机 $N = 2 \times 0.55\text{kW}$，起升速度 8m/min，大车小车速度 20m/min，MD15-9，$G = 5\text{t}$，$H = 9\text{m}$，主电动机 7.5kW，运行电动机 0.8kW，慢速电动机 0.8kW	1

2　主要设备

2.1　总则

参见第 1 章第 5 节 2.1。

2.2　其他搅拌槽

2.2.1　工作原理

电动机通过减速机带动槽子的中心轴旋转，安装在中心轴上的桨叶在旋转过程中起到对料浆搅拌的作用，使固体物料在溶液中保持悬浮状态，防止固体物料发生沉淀。

2.2.2　设备的结构组成

搅拌槽结构包括电动机、减速机、槽体、中心轴、桨叶、底瓦、人孔、进出料口等。

2.2.3　设备润滑标准（表 3-9）

表 3-9　设备润滑标准

润　滑　部　位	润　滑　油	润　滑　方　式
减速机齿轮箱	VG320	自动强制润滑
轴　承	2 号锂基脂	停槽、电动机中修

2.2.4　设备点检标准（表 3-10）

表 3-10　设备点检标准

项　目	内　容	标　准	方　法	周期/h
电动机	电　流	正　常	看	1
	温　度	<60℃	摸、测	1
	声　音	无杂音	听	1
减速机	润　滑	良　好	看	1
	声　音	无杂音	听	1
	油　位	油标上下标线之间	看	1
地　脚	螺　栓	紧固无松脱	摸、看	1

2.2.5　设备维护标准

（1）清扫（表 3-11）。

表 3-11　清扫工具及标准

部　位	标　准	工　具	周期/h
减速机	见本色	水、破布	24
电动机	见本色	破　布	24

（2）开车前：要先盘车，检查润滑油量，检测电动机绝缘情况。

（3）运行中：按点检标准检查。

（4）停车后：及时处理运行中存在的问题。

（5）润滑：减速机运转时在第一次用油 500～800h 后更换，以后每 3 年更换一次。

（6）减速机长期停车时，大约每 3 个星期将减速机启动一次；停车时间超过 6 个月时，要在里面添加保护剂。

2.2.6　设备完好标准

（1）基础稳固，无裂纹、倾斜、腐蚀。

1）基础、支架坚固完整，连接牢固，无松动、断裂、腐蚀、脱落现象。

2）槽体无严重倾斜。

（2）各零部件完整无缺。

1）各零部件无一缺少。

2）槽体内外各零部件没有损坏，不变形，材质、强度符合设计要求。

3）槽体、管道的冲蚀、腐蚀在允许范围内。

4）保温层完整，机体整洁。

（3）运转正常，无跑、冒、滴、漏现象。

1）各法兰、人孔、观察孔密封良好，无泄漏。

2）进出料管道畅通，阀门开关灵活。

（4）仪器、仪表和安全防护装置齐全、灵敏可靠。

2.3 非搅拌槽

2.3.1 工作原理

利用槽体容积盛装物料，起储存、缓冲、倒料作用。槽体的部分结构及辅助设施可完成特定的功能（如加热、液固分离、气液分离）。

2.3.2 设备的结构组成

非搅拌槽结构包括槽体、人孔、进出料口、观察孔等。

2.3.3 设备点检标准（表3-12）

表3-12 设备点检标准

项 目	内 容	标 准	方 法	周期/h
槽 体	各焊缝	无泄漏	听、看	2
阀门、人孔	垫 子	无泄漏	听、看	2
	阀门盘根、管道	无泄漏	听、看	2
紧固部位	螺 栓	紧固无松脱	摸、看	2

2.3.4 设备维护标准

（1）清理：槽内无结疤、杂物等。

（2）卫生：槽体干净，无结疤、杂物等。

2.3.5 设备完好标准

参见2.2.6。

2.4 沉降槽

2.4.1 工作原理

连续性重力沉降槽适宜处理固液相密度差比较大、固体含量不太高而处理量比较大的悬浮液，但无法将液体中的固体微粒完全分离干净。料浆于沉降槽中心液面下连续加入，然后在整个沉降槽横截面上散开，液体向上流动，清液由四周溢出，固体颗粒在槽内逐渐沉降至底部。槽内底部设有缓慢旋转的耙齿，将沉渣慢慢移至中心底流箱（底流口周围），从底部出口管经底流泵连续排出。

颗粒在沉降槽中的沉降大致可分为两个阶段。在加料口以下一段距离内，颗粒浓度很低，颗粒大致做自由沉降；在沉降槽下部，颗粒浓度逐渐增大，颗粒大致做干扰沉降，沉降速度很慢。沉降槽清液产率取决于沉降槽的直径。

2.4.2 设备的结构组成

沉降槽结构包括电动机、槽体、搅拌轴、进料筒、耙机、底流箱（底流）、溢流井、进料管、减速机（及提升装置）、人孔、出料口、排气管。

2.4.3　设备润滑标准（表3-13）

表3-13　设备润滑标准

润滑部位	润滑油	润滑方式
一级星形齿轮箱	VG150	油杯润滑
二级星形齿轮箱	VG320	油杯润滑
大齿轮箱	VG680	油杯润滑

2.3.4　设备点检标准（表3-14）

表3-14　设备点检标准

项目	内容	标准	方法	周期/h
电动机	电流	正常	看	2
	温度	<60℃	摸、测	2
	声音	无杂音	听	2
减速机	润滑	良好	看	2
	声音	无杂音	听	2
	油位	油标上下标线之间	看	2
沉降槽	各焊缝	无泄漏、无振动	听、看	2
	槽体	无泄漏、无振动	听、看	2
管道及阀门	管道、垫子	无泄漏、无振动	听、看	2
	阀门盘根	无泄漏、无振动	听、看	2
紧固部位	螺栓	紧固无松脱	摸、看	2

2.4.5　设备维护标准

参见2.2.5。

2.4.6　设备完好标准

参见2.2.6。

2.5　立式圆盘真空过滤机

2.5.1　工作原理

安装在滤浆槽体上的圆盘轴由空心轴及固定在空心轴上的若干盘片组成，每个盘面由若干个扇形板构成，每个扇形板通过螺栓与空心轴相连，分配阀的分区对应于主轴的腔道，形成滤液通路。

立式圆盘真空过滤机（简称"立盘"）工作时由真空泵形成负压，在滤盘的内外表面形成压力差，悬浮液中的固体颗粒被截留在过滤圆盘的两侧形成滤饼，滤饼经过干燥区，脱去大部分水分（附液），然后进入卸料区，经反吹风卸下。液体通过滤布进入吸滤室后，由真空系统经轴的通道及分配头自过滤机中抽出进入受液系统。

2.5.2　设备的结构组成

立盘真空过滤机结构包括滤浆槽、空心轴、过滤圆盘、分配头、漏斗、导向轮、驱动系统（含电动机）和干油集中润滑系统（含电动机）等。

2.5.3　设备润滑标准（表3-15）

表 3-15　设备润滑标准

润 滑 部 位	润 滑 油	润 滑 方 式
减速机齿轮箱	VG320	自动强制润滑
真空头	2 号锂基润滑脂	自动干油润滑

2.5.4　设备点检标准（表3-16）

表 3-16　设备点检标准

项　目	内　容	标　准	方　法	周期/h
电动机	电　流	正　常	看	1
	温　度	低于60℃	摸、测	1
	声　音	无杂音	听	1
减速机	润　滑	良　好	看	1
	声　音	无杂音	听	1
	振　动	无异常振动	听、摸、测	1
	油　位	油标上下标线之间	看	1
真空头	螺　栓	无泄漏、无错位	摸、看	1
	断　面	是否窜风	听、摸	1
受液槽滤浆槽	各焊缝	无泄漏、无振动	听、看	1
	槽　体	无泄漏、无振动		1
卸料装置	漏　斗	畅通，无积料	看	1
	卸料是否干净	卸料干净	看	1
	刮　刀	位置符合要求	看	1
管道及阀门	管道法兰垫子	无泄漏、无振动、无堵塞	听、看	1
	阀门盘根	无泄漏、无振动	听、看	1
轴　瓦	润　滑	良　好	摸、测	1
扇形板	偏摆程度	正常，无变形	看、测	1
紧固部位	螺　栓	紧固无松脱	摸、看	1

2.5.5　设备维护标准

（1）清扫（表3-17）。

表 3-17　清扫工具及标准

部　位	标　准	工　具	周期/h
减速机	见本色	水、破布	24
电动机	见本色	破　布	24

（2）开车前检测电动机绝缘情况，空车试转，检查润滑油量。

（3）没有投入使用的扇形板及网袋，应在固定地点摆放整齐，不得在上面堆放其他重物或踩踏，以免变形，使用前应清洗干净。

（4）破坏或变形的扇形板应及时拆下进行修复整形，必要时更换扇形板，以免影响过滤机正常运行。

（5）停车后用热水彻底清洗滤盘滤布，以提高过滤能力。

（6）分配头是接通滤盘各部位到相关工作区的关键部件，如发现分配头密封面泄漏或窜风，应进行调整使其端面与空心轴端面平行，且留有不大于 0.25mm 的间隙。

（7）过滤机停车时，应检查紧固螺栓，发现松动，立即紧固。各连接处不得有松动，以免脱落产生严重后果。

（8）润滑：减速机运转时在第一次用油 500h 后更换，以后每 5000h（最长不超过 6 个月）更换一次；润滑油牌号 – 10 ~ 0℃时选用 N46、N48；0 ~ 40℃时选用 N68、N100、N150 或 N220。

2.5.6　设备完好标准

参见 2.2.5。

2.6　水环式真空泵

参见本篇第 2 章第 5 节 2.6。

2.7　液环式空压机

参见本篇第 2 章第 5 节 2.7。

2.8　逆流式玻璃钢冷却塔

2.8.1　工作原理

冷却塔是利用水和空气的接触，通过蒸发作用散去工业生产中产生的废热的一种设备。基本原理是：干燥的空气经过风机的抽动后，自进风网处进入冷却塔内；高温水分子向压力低的空气流动，湿热的水自布水系统洒入塔内。当水滴和空气接触时，一方面由于空气与水的直接传热，另一方面由于水蒸气表面和空气之间存在压力差，在压力的作用下产生蒸发现象，将水中的热量带走，从而达到降温的目的。

2.8.2　设备的结构组成

逆流式玻璃钢冷却塔的结构包括填料、电动机、减速装置、风机、收水及布水装置等。

2.8.3　设备润滑标准（表 3-18）

表 3-18　设备润滑标准

润滑部位	润滑方式	润滑油	周　期
轴　承	脂润滑	2 号锂基脂	每班适当补充。一年检查一次，清除老化的润滑脂，更换新油

2.8.4　设备点检标准（表 3-19）

表 3-19　设备点检标准

项　目	内　容	标　准	方　法	周期/h
电动机	电　流	正　常	看	1
	温　度	<60℃	摸、测	1
	声　音	无杂音	听	1
减速机	润　滑	良　好	看	1
	声　音	无杂音	听	1

2.8.5　设备维护标准

（1）布水管上积垢物的清理，可采用机械清洗或化学药剂清洗，清洗的脏物不得抛洒在淋水装置上，清除水垢通常用稀盐酸溶液清洗。

（2）冷却水池及填料所积污物应及时清除，保持填料不被堵塞。

（3）冷却塔管道、金属配件等每年应进行一次维修和防腐。可加涂环氧漆，发现损坏处应及时修补。

（4）注意减速机润滑情况，发现漏油及时处理。

2.8.6　设备完好标准

（1）基础稳固，无裂纹、倾斜、腐蚀。

1）基础、轴承座坚固完整，连接牢固，无松动断裂、腐蚀、脱落现象。

2）机座倾斜小于 0.1mm/m。

（2）零部件完整无缺。

1）各零部件无一缺少。

2）各零部件完整、没有损坏，材质、强度符合设计要求。

3）轴承、轴、轴套、叶轮、护板等装配间隙、磨损极限和密封性符合检修规程规定。

4）机体整洁。

（3）运转正常，无明显渗油和跑冒滴漏。

1）润滑良好，油具齐全，油路畅通，油位、油温符合规定。

2）油量、油质符合规定。

3）各部件调整、紧固良好，运转平稳，无异常响声、振动和窜动。

4）阀门、考克开闭灵活，工作可靠。

5）各部件配合间隙符合要求。

6）轴承温度不超过允许值。

7）无明显跑、冒、滴、漏现象。

8）电动机及其他电气设施运行正常。

（4）机器仪表和安全防护装置齐全，灵敏可靠。

1）电流表、阀门等装置完整无缺，动作准确，灵敏可靠。

2）阀门等开关指示方向明确。

（5）达到铭牌或核定能力，泵的排量应符合规定要求。

2.9　离心泵

参见本篇第 2 章第 5 节 2.8。

2.10　污水槽

参见本篇第 2 章第 5 节 2.9。

第 6 节　现场应急处置

参见本篇第 2 章第 6 节。

第4章　蒸发岗位作业标准

第1节　岗位概况

1　工作任务

将分解送来的种分母液进行蒸发，使其浓缩到指标要求；负责将种分母液送给蒸发器各效，将四闪出料送到蒸发母液槽，将强制效出料送到盐沉降槽，并将各效冷凝水送回相应水槽，保证一、二次水外送，使整个系统水、汽、料保持平衡。

2　工艺原理

管板结合型降膜蒸发器的每组蒸发器采用六效逆流作业流程，前三效采用管式降膜蒸发器，后三效采用板式降膜蒸发器。首效使用新蒸汽加热，其他效使用前一效乏汽加热。原液进入分离室由循环泵送到加热室顶部，经安装在顶部的布膜器均匀流入加热管内（板片外壁），溶液在自身重力作用下，沿加热管内壁（板片外壁）呈膜状进入分离室，过程中物料与加热管（板片）另侧的蒸汽进行热交换，溶液获得足够的热量使其中的水以水蒸气逸出，采取抽真空方法将其及时排走，从而使母液得到浓缩。浓缩后的母液再经过四级闪蒸降温、降压进一步浓缩，并回收部分热量。

3　工艺流程

蒸发站共分两组，每组六效的总加热面积为 $14950m^2$，蒸水能力为每组 $220t/h$。

每组蒸发站均采用六效降膜、管板结合加四级闪蒸的技术，即 I～III 效采用管式降膜蒸发器，IV～VI 效采用板式降膜蒸发器，加四级闪蒸。考虑排盐的需要，增加外加热强制循环蒸发器。

从分解系统来的种分母液（即蒸发原液）送到原液槽，由原液泵送进蒸发器蒸发。蒸发站按要求产出合格的蒸发母液。蒸发母液一部分经强制效浓缩后送到排盐苛化，另一部分送到蒸发母液槽，与原液、液体碱、苛化液等在循环母液调配槽混合，调配合格的循环母液外送到原料溶出区。

蒸发过程中，新蒸汽降温后，产生的冷凝水由泵送到板式换热器，进一步降温后直接送到锅炉房。二次汽经加热换热后，产生的冷凝水分别送到好冷凝水槽、赤泥洗水槽，再由相应水泵输送到锅炉房、成品过滤、热水站等，或进入清洗前水槽用于蒸发器及管道的冲洗，最后到清洗后水槽，根据浓度送至相应地点。

第 2 节　安全、职业健康、环境、消防

参见本篇第 1 章第 2 节。

第 3 节　作 业 标 准

1　作业项目

1.1　蒸发站作业

1.1.1　蒸发站开车准备

（1）检查安全设施是否齐全完好。

（2）接调度开车通知后，检查流程是否正确、畅通，设备仪表及控制回路是否完好，关闭各放料阀，并通知有关岗位做好开车准备并回复。

（3）联系电工检查电气设备绝缘情况。

（4）检查仪表是否正常，给各种泵加入密封水，并保证冷却水压力。

（5）检查各种泵润滑油的油质及油位。

（6）排净所有热工管线及设备内存积的冷却水。

（7）将现场所有设备的控制开关转到"远程"位置。

（8）做好各效、各闪蒸器及各冷凝水罐液位的设定。适当调整各种阀门的开度。

（9）确认准备工作就绪后，岗位人员准备开车，并联系调度准备送新蒸汽。

1.1.2　开车步骤

（1）降膜蒸发器开车步骤

1）启动原液泵向蒸发器进料，Ⅴ效、Ⅵ效各 50% 流量。

2）往真空泵内注水，有溢流后，启动真空泵，打开水冷器循环水，提真空，通知循环水泵岗位启动水泵送水，缓慢打开循环上水阀门，保持真空度 −0.088MPa。

3）Ⅴ效、Ⅵ效分离器有液面后，启动循环泵、过料泵，并调整过料泵转速，使液位稳定在设定值后转为自动控制。

4）Ⅳ效、Ⅲ效、Ⅱ效作业方法同 3）。Ⅰ效分离器有液面后，将液位控制阀门投入自动。溶液通过压差依次进入Ⅰ、Ⅱ、Ⅲ、Ⅳ闪蒸器，闪蒸器液位稳定后出料到原液槽循环。

5）进出料正常后联系调度中心，允许开车后缓慢打开新蒸汽阀门。要求缓缓打开新蒸汽主控制阀，缓慢提蒸汽量，幅度 15t/h 左右，或按压力冬季按 0.05MPa、0.15MPa、0.20MPa、0.30MPa、0.40MPa、0.50MPa，其他季节按 0.05MPa、0.15MPa、0.30MPa、0.40MPa、0.50MPa 进行，每半小时提压一次。

6）待Ⅰ、Ⅱ、Ⅲ效加热室有压力后，关闭各效冷凝水排污阀门。冷凝水罐有水后进行现场确认，远程启动冷凝水泵，将Ⅰ效冷凝水送至板式热交换器与部分Ⅵ效冷凝水进行换热，经降温的Ⅰ效冷凝水送至赤泥洗水槽，经提温的部分Ⅵ效冷凝水返回Ⅲ效冷凝水罐，另外一部分Ⅵ效冷凝水送至赤泥洗水槽。并将各冷凝水罐排水阀转为自动控制，调节各水罐水位，保持排水稳定。

7）各效不凝结气阀门保持适当开度。

8）调节新蒸汽电动调节阀及循环上水电动调节阀，稳定新蒸汽及循环上水流量，以稳定蒸发器使用气压及真空。

9）现场确认并调节各效液位，使液位稳定在设定值。

10）在原液循环时，逐步提高进料量，待四闪出料密度合格或浓度合格后，将四闪出料改往蒸发母液槽（或循环母液调配槽）。稳定蒸发器进出料量，保持出料浓度合格稳定。

11）保持蒸发器稳定运转，待冷凝水碱度合格后，将Ⅰ效冷凝水流程改至锅炉房，将Ⅵ效冷凝水流程改至好冷凝水槽。

12）联系调度中心将好冷凝水槽、赤泥洗水槽内水分别向锅炉房、平盘热水槽、沉降热水站输送。

（2）强制效开车步骤

1）确认流程畅通，强制循环泵具备开车条件，启动三闪出料泵向强制效进料。

2）强制效液位在第 2 目镜时，启动强制循环泵。

3）缓慢打开强制效加热蒸汽阀门，总通汽量按 5t/h、15t/h、30t/h 进行，或按压力 0.05MPa、0.10MPa、0.20MPa 进行，每半小时提汽一次。强制效通汽过程注意监控冷凝水碱度。

4）调节强制效进汽电动调节阀及强制效二次汽电动调节阀，稳定加热室压力及分离室真空，保证强制效的蒸发量及出料的正常温度。

5）待强制效加热室开始排水，关闭冷凝水排污阀门，将冷凝水罐排水阀转为自动控制，调节水位。不凝结气阀门保持适当开度。

6）远程启动盐沉降槽底流晶种泵向强制效加入晶种。

7）强制效出料密度符合要求后，出料至盐沉降槽。

1.1.3　正常作业

（1）联系调度保持新蒸汽压力 0.50～0.55MPa。

（2）保持蒸发器各效液面在正常控制范围内。

（3）稳定蒸汽流量，稳定真空，确保蒸发系统真空度为 -0.088MPa，使三闪、四闪出料浓度符合技术要求。

（4）稳定蒸发器进料量，联系原液供应和母液外送，平衡各贮槽液量。

（5）注意各效液位、设备运行情况，以及各技术参数调整，做好记录。

（6）及时向化验室要分析结果进行适当调整，以保证各项指标控制在正常范围内。

（7）认真分析计算机报警原因并及时加以处理。

（8）控制回水含碱量 NT 在要求范围内。

（9）认真观察分析各仪表显示是否准确，并及时联系计控人员处理。

1.1.4　正常停车步骤

（1）整组停车步骤

1）将蒸发器冷凝水改至赤泥洗水槽。

2）联系调度、锅炉、压汽缓慢将蒸汽减少，然后彻底压汽。

3）缓慢减少原液进料量，直至断料。

4）以上两个步骤交替进行，每次调整需待上次调整平稳后方可进行。

5）各效蒸发器依次将料撤空后，向蒸发器进水安排蒸发器水煮，水洗结束后，将水撤至洗后水槽。

（2）强制效停车步骤

1）缓慢减少蒸汽量（或压力）最终为 0。

2）停进出料泵，根据情况决定是否放料。

3）关闭二次蒸汽阀门，打开排空阀。

4）根据情况决定是否水煮，如水煮，完毕后，将水撤至洗后水槽。

1.1.5　紧急停车及汇报处理

（1）联系调度，压汽，停止进料。

（2）停各效过料泵、循环泵和出料泵，根据情况决定是否需要放料。

（3）停真空泵，并破坏系统真空。

（4）根据情况组织有关人员进行检修。

1.1.6　水洗步骤

（1）接到蒸发器水洗通知后，按正常停车顺序联系压汽停车撤料。

（2）待蒸发器内料撤完后，改好流程，准备进水。

（3）启动洗前水泵，向蒸发器加水。

（4）按蒸发器正常开车步骤开车，等各效水加到位后，启动出料泵自身循环，联系调度通汽水煮。注意使用气压按 0.08～0.12MPa 控制。

（5）并通过减少水冷器循环水量等手段，将末效真空降到 –0.03MPa。

（6）作业条件的控制：Ⅰ效使用气压控制在 0.08～0.12MPa 之间。末效真空度按 –0.03MPa 控制。末效温度高于 80℃，各效液面正常控制。

（7）正常水洗时间 4～8h，末效温度不低于 80℃。

（8）水洗结束后，取样分析水样含碱度，根据碱度高低和生产实际情况，联系主控室确定洗后水去处。

（9）联系检修或者进料开车。

1.1.7　酸洗步骤

（1）温度小于 60℃稀酸量占分离室 40%～60%，酸洗时间 4～6h 或根据结疤情况而定。

（2）将配好的稀硫酸通过稀酸泵送往蒸发器。

（3）进完酸后，用水冲洗稀酸管。

（4）启动循环泵或强制效循环泵。

（5）酸洗完后，将酸倒入下一效或返回废酸槽。

（6）放酸时：穿戴好劳动保护品，备好放酸所需的工器具。检查放酸流程，将放酸管通向下水阀门打开。检查酸洗蒸发器漏处是否威胁放酸人的安全，采取防范措施；必要时穿好打压衣、戴好防护面具。按规定时间放酸，打开蒸发器放酸阀门。

（7）酸放完后，用水冲洗蒸发器，待清理人员看完漏处，按放酸程序将水放掉。并将冲洗水放入循环下水。

（8）将酸洗过程中出现的漏点补焊好。

（9）漏点补焊好后，加水试漏。

1.2　原液、回水、酸洗作业

1.2.1　原液、回水、酸洗开车准备

（1）检查安全设施是否齐全完好。

（2）接主操开车通知后，检查流程是否正确、畅通，设备仪表及控制回路是否完好，并通知相关岗位做好开车准备。

（3）联系电工检查电气设备绝缘情况。

（4）检查仪表是否正常，给各种泵加入密封水，并保证冷却水压力。

（5）检查泵体有无问题，盘车试运转。检查各种泵润滑油的油质及油位。

1.2.2　开车步骤

（1）启动原液泵向蒸发器送料，打开进料阀门，缓慢提高电流，按蒸发要求稳定流量。

（2）启动原液泵向循环母液调配槽送料，根据调配需要稳定流量。

（3）启动冷凝水泵，向各岗位送水。

（4）接到蒸发器清理酸洗通知后，进行配酸。检查并改好酸洗流程，确定管道畅通，阀门灵活好用。

（5）接到通知后，启动稀酸泵向蒸发器加酸。

1.2.3　正常作业

（1）定期启动氢氧化铝浆液泵将锥底原液槽沉淀下来的氢氧化铝料浆送往分解细种子沉降槽或种子过滤溢流槽。

（2）稳定各槽液位，及时将回水送往相关岗位。

1.2.4　停车步骤

（1）接到主操或相关岗位指令，关闭泵进出口阀门，打开放料阀，停泵放料。氢氧化铝浆液泵要待锥底原液槽底流拉清后才能停泵。

（2）将密封冷却水关闭。

（3）对酸洗管道用水进行冲洗。

（4）启动污水泵，将污水槽打空停下。

1.3　离心泵作业标准

参见本篇第2章第3节1.7。

1.4　巡检作业及巡检路线

1.4.1　蒸发站巡检作业

（1）严格执行设备点巡检及润滑标准。

（2）各种仪表齐全完好。

（3）设备启动投入运行，无杂音。

（4）管道畅通，阀门、考克开关位置正确。

（5）各种法兰、人孔、目镜等连接螺栓齐全紧固，密封无泄漏。

（6）泵的轴承温升、密封水压力流量、润滑油质油量正常。皮带、联轴器及各部位的连接螺栓紧固。

（7）蒸发器的压力、液位等参数正常，各阀门的开度合理。

（8）真空泵、空压机等皮带传动的设备，在设备启动、运行、停车等过程中要检查皮带的松紧、磨损情况。出现问题要及时联系处理。

（9）每小时巡检一次；岗位记录要求及时、准确、清晰、真实、完整。

1.4.2　蒸发站巡检路线

操作室→一楼→Ⅰ组各效泵浦及管道→Ⅱ组各效泵浦及管道→二楼→Ⅰ组蒸发器、闪蒸器→Ⅱ组蒸发器、闪蒸器→三楼→Ⅰ组蒸发器、闪蒸器→Ⅱ组蒸发器、闪蒸器→四楼→Ⅰ组蒸发器→Ⅱ组蒸发器→五楼→Ⅰ组蒸发器顶→Ⅱ组蒸发器顶→操作室

1.4.3　原液、回水、酸洗巡检作业

（1）每小时巡检一次，检查润滑及设备运转情况。

（2）对酸洗流程、设备要仔细检查，有无渗漏。

（3）核对各槽存与计算机显示误差，杜绝因误报造成冒槽等故障。

1.4.4　原液、回水、酸洗巡检路线

操作室→原液泵→回水槽→酸洗槽→原液槽→回水泵→操作室

2　常见问题及处理办法

2.1　蒸发器（表 4-1）

表 4-1　蒸发器常见生产事故分级判断及处理

序 号	故障名称	故 障 原 因	处 理 方 法
1	突然停电	供电系统出现问题	立即将回水改入赤泥洗水槽，打开排气阀门向调度汇报，压汽、停车，联系电工处理
2	蒸发器振动	汽室积水	加大排水量
		加热管漏	打压堵漏
		进料温度与蒸发器内物料或汽量温差太大	作业做到"六稳定"
3	过料管振动	过料控制阀失灵或开度小或过料管堵塞	联系检修人员检查，加大阀门开度或停车处理
4	真空度波动	系统漏真空	组织人员检查处理
		真空泵进水少或水温高	调整进水量或降水温
		水冷器水温高或水量不足	加大循环水流量或联系降低进水温度
		真空泵跳停，转子结疤，排气管不畅	联系电工检查处理，检修人员清理转子排气管
		使用气压升高或总压波动	联系稳定蒸汽压力
		凝结水排出不畅	检查冷凝水泵或阀门
		末效汽室水抽空水封破坏	控制冷凝水泵或阀门
5	分离器液位异常升高	管道内结疤，杂物，过料不畅	停车清理
		泵不打料	停车处理
		气压或真空波动	调整稳定气压或真空
		液位计有问题	请计控室检查处理
6	冷凝水含碱量升高	加热管漏	根据情况打压处理
		分离器液位升高或波动造成雾沫分离不好	稳定液位及蒸发器运行
7	打垫子	蒸发器振动，压力波动	采取一切措施，保护电器设备并按停车步骤停车，换好垫子再开车

2.2 真空泵（表4-2）

表4-2　真空泵常见生产事故分级判断及处理

序　号	故障名称	故　障　原　因	处　理　方　法
1	真空度不足	进水量过大	调节进水，保持适当水量
		进水停或进水量不足	联系送水、清理进水管或开大阀门
		进水温度高	降低进水温度
		叶轮堵、内部漏气	拆解修理
		盘根漏气	更换压紧盘根
		进气管空气泄漏	修补管路
		进气管不畅	检查阀门开度和过滤器阻塞
		主部件磨损或腐蚀	拆解修理或更换备品
		泵浦反转	改变电动机接线
2	不启动或启动困难	叶轮被外界物质粘结	拆解清理
		叶轮被锈蚀粘结	人工盘车或拆解清理
		填料太干、太紧	松开填料，注入润滑脂或更换填料
		启动水位过高	检查自动排水阀
		电流失效	检查并修理电路
3	电机过载	封水流体过量	调节封水流体阀
		电流失效	检查因电压异常低落的过流
		电流表不准	检查并修理
		转动部件损坏或失效	拆解检查是否因滑移面接触而使轴承损坏
		泵排口产生背压	检查阀门开度和管线阻尼解除背压
4	噪声振动	进水量过大	调节阀门开度，保持适当水量
		吸压太低	可能产生气涡，解除吸压低落原因
		转动零件损坏或失效	拆解检查是否因滑移面接触而使轴承损坏，必要时修理或更换
		安装或配管不良	调查原因并改善
5	箱体过热	进水量不够	调节阀门开度，保持适当水量
		进水水温高	降低水温
6	轴承过热	联轴器对心不良	联系检修校对
		泵组装不良	联系检修重组
		润滑不良，油过量或缺油	调节油量
		黄油不纯净或有外界物质混入	联系检修拆解、清洗，并换油
		轴承损坏	联系检修拆解并更换

2.3　离心泵（表4-3）

表 4-3　离心泵常见生产事故分级判断及处理

序 号	故障名称	故 障 原 因	处 理 方 法
1	轴承发热	缺油、油变质	加适量油或换油
		转动部位装配不好，轴中心不正	检修处理
		轴承磨损	更换轴承
2	电动机、泵振动有响声	装配不好，中心不正，零件磨损严重	检查处理
		地脚螺栓松动	紧固地脚螺栓
		泵内有杂物	清理泵内杂物
		泵进料少	加大进料量
3	泵打不上料或料量小	槽（池）液位低或泵进出口管道堵塞	补液位或清理管道
		进料液固比太小（固含太高）	加大液相量或减少滤饼添加量
		叶轮磨损、脱落或堵塞	更换或清理叶轮
		进出口阀（包括槽出口阀）开度太小、堵塞或损坏	开大阀门、清理阀门或更换阀门
		进出口阀门改错	改正阀门
		盘根漏料严重	压紧或更换盘根
		放料阀未关严	关严放料阀
		泵的转向不对	联系电工处理
		电动机单相转速低	联系电工处理
4	水泵内部声音反常，水泵不吸水	进水阀门没有打开	打开进水阀门
		进水量太小	增加水流量
		泵内有杂物	清除泵内杂物
		在吸水处有空气渗入	处理漏气点
5	泵跳停	机械电器故障	联系电工处理
		负荷过大	适当降低进料量
		泵内进入杂物	清理、检修
6	泵打垫子	进料阀门开得太大太猛	保护好电器设施，关闭进口阀门停泵放料，处理好后重新开车
		出口管堵塞或结疤严重	清理（洗）出口管
		出口阀门开得太小或阀板脱落	开大阀门，更换阀门

第 4 节　质量技术标准

蒸发器组蒸水能力：220t/h

原液温度：80 ~ 85℃

原液成分：$NK \geqslant 160$g/L，$NC \leqslant 20$g/L，AO：90 ~ 100g/L

蒸发器正常作业工艺参数

　　蒸发器首效汽室压力：$\leqslant 0.50$MPa，末效真空度 -0.088MPa

　　蒸发器各效工艺参数

　　　Ⅰ效管式降膜蒸发器：汽室压力：0.50MPa，温度：160℃；

　　　Ⅱ效管式降膜蒸发器：汽室压力：0.20MPa，温度：125.5℃；

　　　Ⅲ效管式降膜蒸发器：汽室压力：0.10MPa，温度：110℃；

　　　Ⅳ效板式降膜蒸发器：汽室压力：-0.01MPa，温度：96.5℃；

　　　Ⅴ效板式降膜蒸发器：汽室压力：-0.040MPa，温度：83.5℃；

　　　Ⅵ效板式降膜蒸发器：汽室压力：-0.066MPa，温度：65.5℃；

　　　强制效排盐蒸发器：汽室压力：0.18MPa，温度：125.5℃。

蒸发器出料浓度

　　四闪出料 NK：230 ~ 260g/L，温度：87 ~ 93℃；

　　强制效出料 NK：320 ~ 340g/L，温度：96 ~ 110℃。

二次蒸汽冷凝水含碱量：$\leqslant 20$mg/L，循环上水、下水含碱量差 $\leqslant 0.5$g/L。

循环上水温度：$\leqslant 37$℃，夏天 $\leqslant 39$℃，水压 $\geqslant 0.25$MPa。

蒸发器水洗、清理工艺参数

洗罐使用气压：0.08 ~ 0.12MPa。

末效真空度：$\leqslant -0.03$MPa。

洗罐周期：Ⅰ ~ Ⅵ效 1 周。

洗罐时间 4 ~ 6h，视效率情况而定。

酸洗周期：Ⅰ效 40 ~ 50d、Ⅱ效 40 ~ 50d、后效 70 ~ 80d、强制效 1 个月。

酸洗时间：4 ~ 8h。

稀硫酸浓度：4% ~ 10% 的稀硫酸，相对密度：1.02 ~ 1.05 按浓酸重量的 3% ~ 5% 加入缓蚀剂。

第 5 节　设　　备

1　设备、槽罐明细表

1.1　原液、回水、酸洗（表 4-4）

表 4-4　原液、回水、酸洗设备型号

序　号	设 备 名 称	规 格 型 号	数　量
1	蒸发原液储槽（锥底）	φ15000 × 11500，60°锥底	1
2	蒸发原液储槽（平底）	φ15000 × 17000	2

序 号	设 备 名 称	规 格 型 号	数 量
3	蒸发原液泵（小）	型号：APP42-200，$Q=450m^3/h$，$H=37m$，NPSHr≤3m，机械密封	3
	附：电动机	$N=90kW$	3
4	蒸发原液泵（大）	型号：APP42-200，$Q=600m^3/h$，$H=29m$，NPSHr≤3m，机械密封	3
	附：电动机	$N=90kW$	3
5	氢氧化铝浆液泵	型号：65DMZ-30，$Q=45m^3/h$，$H=31m$，NPSHr≤3m，机械密封	1
	附：电动机	$N=15kW$	1
6	清洗前水槽（蒸发水洗）	$\phi10000×8000$，$V=610m^3$	1
7	清洗前水泵	型号：IS125-100-250A（Ⅰ）ATJ，$Q=145m^3/h$，$H=14m$，NPSHr≤2.5m	2
	附：电动机	$N=11kW$	2
8	清洗后水槽	$\phi10000×8000$，$V=610m^3$	1
9	清洗后水泵	型号：80DMZ-39 型：$Q=150m^3/h$，$H=55m$，$\eta=63\%$，NPSHr≤3.0m	1
	附：电动机	$N=55kW$	1
10	冷凝水槽	$\phi12000×8000$	2
11	冷凝水泵	型号：IS100-65-330CTJ，$Q=120m^3/h$，$H=92m$，NPSHr≤5.0m	2
	附：电动机	$N=75kW$	2
12	冷凝水泵	型号：IS125-100-400A（Ⅰ）TJ，$Q=150m^3/h$，$H=36m$，NPSHr≤4m，机械密封，$\eta=71\%$	2
	附：电动机	$N=30kW$	2
13	冷凝水泵	型号：IS125-100-400A（Ⅰ），$Q=150m^3/h$，$H=42m$，NPSHr≤4m，机械密封，$\eta=71\%$	2
	附：电动机	$N=30kW$	2
14	赤泥洗水槽	$\phi12000×8000$	1
15	赤泥洗水泵	型号：SOH_1200-150-315，$Q=250m^3/h$，$H=36m$，机械密封	2
	附：电动机	$N=45kW$	2
16	污水槽	$\phi3000×3000$	2
	附：搅拌电动机	$N=4kW$	2
17	4 吋单吸立式污水泵	型号：65DMZL-30，$Q=100m^3/h$，$H=26m$，$\eta=51.9\%$，$D=1500mm$，加长"L"为400mm	2
	附：电动机	$N=18.5kW$	2

序　号	设 备 名 称	规 格 型 号	数　量
18	卸酸泵（蒸发酸洗）	型号：APP21-65，$Q=50m^3/h$，$H=8m$，机械密封	1
	附；电动机	$N=4kW$	1
19	浓硫酸槽	$\phi3000\times3000$，$V=21m^3$	1
20	空气干燥器	$\phi700\times1000$（干燥介质为98%浓硫酸）	1
21	浓硫酸泵	型号：APP21-65，$Q=50m^3/h$，$H=12m$，机械密封	1
	附：电动机	$N=5.5kW$	1
22	稀硫酸槽	$\phi4400\times4000$，$V=60m^3$	2
	附：搅拌电动机	$N=7.5kW$	2
23	稀硫酸泵	型号：APP21-65，$Q=100m^3/h$，$H=43m$，机械密封	2
	附：电动机	$N=22kW$	2
24	污水泵	型号：40DMZL-21，$Q=12.6m^3/h$，$H=12.6m$，吸入管长 $L=2900mm$，$\eta=50\%$	1
	附：电动机	$N=4kW$	1
25	废酸过滤器	$\phi600\times800$，$V=0.5m^3$	1
26	管道过滤器	$\phi630$，$V=0.25m^3$	1
27	废酸泵	型号：40DMZ-19，$Q=10m^3/h$，$H=59m$，$NPSHr\leqslant1.8m$，$\eta=39\%$，机械密封	1
	附：电动机	$N=11kW$	1
28	电动葫芦	型号：MD_1-12，$Q=1t$，$H=12m$	1
	附：起升电动机	型号：$ZDS_1$0.2/1.5，$N=1.5kW$	1
	附：运行电动机	型号：$ZDY_1$11-4，$N=0.2kW$	1

1.2　蒸发站（表4-5）

表4-5　蒸发站设备型号

序　号	设 备 名 称	规 格 型 号	数　量
1	Ⅰ效管式降膜蒸发器	$\phi3200$，$F=2800m^2$	2
2	Ⅰ效分离器	$\phi5000$	2
3	Ⅱ效管式降膜蒸发器	$\phi2700$，$F=1850m^2$	2
4	Ⅱ效分离器	$\phi4500$	2
5	Ⅲ效管式降膜蒸发器	$\phi2700$，$F=1850m^2$	2
6	Ⅲ效分离器	$\phi4500$	2
7	Ⅳ效板式降膜蒸发器	$\phi6000\times19300$，$F=1850m^2$	2

序　号	设 备 名 称	规 格 型 号	数　量
8	V效板式降膜蒸发器	$\phi6000\times19300$，$F=3300\mathrm{m}^2$	2
9	VI效板式降膜蒸发器	$\phi7000\times19300$，$F=3300\mathrm{m}^2$	2
10	强制循环加热器	$\phi1700$，$F=850\mathrm{m}^2$	2
11	强制循环分离器	$\phi4200\times7500$	2
12	第一自蒸发器	$\phi4000\times7100$	2
13	第二自蒸发器	$\phi4000\times7100$	2
14	第三自蒸发器	$\phi4000\times7100$	2
15	第四自蒸发器	$\phi4000\times7100$	2
16	I效冷凝水罐	$\phi800\times1300$	2
17	II效冷凝水罐	$\phi800\times1300$	2
18	III效冷凝水罐	$\phi1000\times1300$	2
19	IV效冷凝水罐	$\phi1000\times1300$	2
20	V效冷凝水罐	$\phi1400\times1600$	2
21	VI效冷凝水罐	$\phi2000\times2000$	2
22	强制效冷凝水罐	$\phi800\times1300$	2
23	冷凝器	$\phi4000\times10600$	2
24	I效循环泵	型号：D53-250，$Q=900\mathrm{m}^3/\mathrm{h}$，$H=28\mathrm{m}$，介质：铝酸钠溶液，温度：150℃，密度：1370kg/m^3，NK：240g/L，机械密封	2
	附：电动机	$N=132\mathrm{kW}$	2
25	II效循环泵	型号：D42-200，$Q=600\mathrm{m}^3/\mathrm{h}$，$H=28\mathrm{m}$，NPSHr≤3.5，$\eta\geq65\%$，介质：铝酸钠溶液，温度：150℃，密度：1370kg/m^3，NK：240g/L，机械密封	2
	附：电动机	$N=90\mathrm{kW}$	2
26	III效循环泵	型号：D42-200，$Q=600\mathrm{m}^3/\mathrm{h}$，$H=28\mathrm{m}$，NPSHr≤3.5，$\eta\geq65\%$，介质：铝酸钠溶液，温度：130℃，密度：1300kg/m^3，NK：240g/L，机械密封	2
	附：电动机	$N=90\mathrm{kW}$	2
27	IV效循环泵	型号：D42-200，$Q=600\mathrm{m}^3/\mathrm{h}$，$H=28\mathrm{m}$，NPSHr≤3.5，$\eta\geq65\%$，介质：铝酸钠溶液，温度：110℃，密度：1300kg/m^3，NK：240g/L，机械密封	2
	附：电动机	$N=90\mathrm{kW}$	2
28	V效循环泵	型号：D53-250，$Q=1000\mathrm{m}^3/\mathrm{h}$，$H=28\mathrm{m}$，NPSHr≤3.5，$\eta\geq65\%$，介质：铝酸钠溶液，温度：110℃，密度：1300kg/m^3，NK：240g/L，机械密封	2
	附：电动机	$N=132\mathrm{kW}$	2

序　号	设 备 名 称	规 格 型 号	数　量
29	Ⅵ效循环泵	型号：D53-250，$Q = 1000\text{m}^3/\text{h}$，$H = 28\text{m}$，NPSHr≤3.5，$\eta ≥ 65\%$，介质：铝酸钠溶液，温度：100℃，密度：1300kg/m³，NK：240g/L，机械密封	2
	附：电动机	$N = 132\text{kW}$	2
30	Ⅱ效出料泵	型号：D42-200，$Q = 450\text{m}^3/\text{h}$，$H = 32\text{m}$，NPSHr≤3.5，$\eta ≤ 65\%$，介质：铝酸钠溶液，温度：150℃，密度：1370kg/m³，NK：240g/L，机械密封	2
	附：电动机	$N = 90\text{kW}$	2
31	Ⅲ效出料泵	型号：D42-200，$Q = 460\text{m}^3/\text{h}$，$H = 25\text{m}$，NPSHr≤3.5，$\eta ≥ 65\%$，介质：铝酸钠溶液，温度：130℃，密度：1370kg/m³，NK：240g/L，机械密封	2
	附：电动机	$N = 75\text{kW}$	2
32	Ⅳ效出料泵	型号：D42-200，$Q = 470\text{m}^3/\text{h}$，$H = 20\text{m}$，NPSHr≤3.5，$\eta ≥ 65\%$，介质：铝酸钠溶液，温度：110℃，密度：1370kg/m³，NK：240g/L，机械密封	2
	附：电动机	$N = 55\text{kW}$	2
33	Ⅴ效出料泵	型号：D31-150，$Q = 480\text{m}^3/\text{h}$，$H = 15\text{m}$，NPSHr≤3.5，$\eta ≥ 65\%$，介质：铝酸钠溶液，温度：110℃，密度：1370kg/m³，NK：240g/L，机械密封	2
	附：电动机	$N = 45\text{kW}$	2
34	Ⅵ效出料泵	型号：D31-150，$Q = 230\text{m}^3/\text{h}$，$H = 12\text{m}$，NPSHr≤3.5，$\eta ≥ 65\%$，介质：铝酸钠溶液，温度：100℃，密度：1370kg/m³，NK：240g/L，机械密封	2
	附：电动机	$N = 18.5\text{kW}$	2
35	Ⅰ效冷凝水泵	型号：SOH2100-80-250ATJ，$Q = 110\text{m}^3/\text{h}$，$H = 62\text{m}$，NPSHr≤2，$\eta ≥ 65\%$，温度：158℃，机械密封	2
	附：电动机	$N = 37\text{kW}$	2
36	Ⅵ效冷凝水泵 1	型号：IS80-50-230，$Q = 60\text{m}^3/\text{h}$，$H = 50\text{m}$，NPSHr≤3.5，$\eta ≥ 65\%$，温度：70℃，机械密封	2
	附：电动机	$N = 15\text{kW}$	2
37	Ⅵ效冷凝水泵 2	型号：IS150-125-315A，$Q = 180 \sim 220\text{m}^3/\text{h}$，$H = 25\text{m}$，NPSHr≤2.5，$\eta ≥ 65\%$，温度：70℃，机械密封	2
	附：电动机	$N = 22\text{kW}$	2
38	四闪出料泵	型号：D33-125，$Q = 290\text{m}^3/\text{h}$，$H = 35\text{m}$，NPSHr≤3.5，$\eta ≥ 65\%$，介质：铝酸钠溶液，温度：100℃，密度：1450kg/m³，NK：280g/L，机械密封	2
	附：电动机	$N = 75\text{kW}$	2

序　号	设备名称	规格型号	数　量
39	三闪出料泵	型号：D32-100，$Q=180m^3/h$，$H=25m$，NPSHr≤ 3.5，$\eta\geq65\%$，介质：铝酸钠溶液，温度：110℃，密度：$1400kg/m^3$，NK：260g/L，机械密封	2
	附：电动机	$N=30kW$	2
40	强制循环泵	型号：$Q=5500m^3/h$，$H=5m$，介质：铝酸钠溶液，温度：105℃，密度：$1500kg/m^3$，NK：320g/L，机械密封	2
	附：电动机	$N=200kW$	2
41	强制效出料泵	型号：D32-125，$Q=200m^3/h$，$H=25m$，NPSHr≤ 3.5，$\eta\geq65\%$，介质：铝酸钠溶液，温度：105℃，密度：$1550kg/m^3$，NK：320g/L，机械密封	4
	附：电动机	$N=37kW$	4
42	稀酸泵	型号：APP32-100，$Q=130m^3/h$，$H=25m$，NPSHr ≤3，$\eta\geq60\%$，介质：10%稀硫酸，温度：80℃，密度：$1047kg/m^3$，机械密封	2
	附：电动机	$N=18.5kW$	2
43	真空泵	型号：SKA303，$Q=2500m^3/h$，吸口压力（真空度）：0.078MPa，极限真空：33hPa	4
	附：电动机	$N=75kW$	4
	水封槽	$\phi3500\times2000$	2
44	板式换热器	型号：BRO6M-1.0-70-E，$F=140m^2$	2
46	污水槽	$\phi3000\times3000$	2
	附：电动机	$N=4kW$	2
47	单吸立式污水泵	型号：80DMZL-36，$Q=100m^3/h$，$H=40m$，$\eta\geq$ 45%；泵吸入管长"D"标准型为1500mm，加长管 "L"为400mm	2
	附：电动机	$N=45kW$	2
48	电动双钩桥式起重机	型号：QDX50/10t，$Q_1=50t$，$Q_2=10t$，$L_k=16.5m$，$H=37m$，轨道：QU80	
	附：主起升电动机	型号：YZR280S-10，$N=42kW$	
	附：副起升电动机	型号：YZR200L-6，$N=26kW$	
	附：大车运行电动机	型号：YZR160I-6，$N=13kW$	
	附：小车运行电动机	型号：YZR160M2-6，$N=8.5kW$	

2　主要设备

2.1　降膜蒸发器

2.1.1　工作原理

降膜蒸发是将料液自降膜蒸发器加热室上部加入，经液体分布及成膜装置（布膜器）均匀分配到各换热管内，并沿换热管内壁呈膜状均匀流下。在流下过程中，被壳程加热介质加热汽化，产生的蒸汽与液相共同进入蒸发器的分离室。汽液经充分分离，蒸汽进入冷凝器冷凝（单效作业）或进入下一效蒸发器作为加热介质，从而实现多效作业，液相则由分离室排出或继续进行蒸发。

2.1.2　设备的结构组成

降膜蒸发器结构包括加热室、分离室、预热器、冷凝器、循环泵、过料泵及所有管路、阀门等。

2.1.3　设备点检标准（表4-6）

图4-6　设备点检标准

项　目	内　容	标　准	方　法	周期/h
电动机	电　流	正　常	看	1
	温　度	<60℃	摸、测	1
	声　音	无杂音	听	1
蒸发器	目　镜	无泄漏、不糊死	听、看	1
	各焊缝	无泄漏、无振动		1
	罐　体	无泄漏、无振动		1
管道及阀门	管道及垫子	无泄漏、无振动	听、看	1
	阀门盘根	无泄漏、无振动	听、看	1
紧固部位	螺　栓	紧固无松脱	摸、看	1

2.1.4　设备维护标准

（1）清扫（表4-7）

表4-7　清扫工具及标准

部　位	标　准	工　具	周　期
目　镜	不糊死	水、破布	每次停车

（2）开车前：要检查目镜，确保无泄漏、无裂纹、不糊死；检查各处螺栓，确保紧固无松动；检查各处垫子，无泄漏；检查蒸发器本体，确保无漏点。

（3）运行中：按点检标准检查。

（4）停车后：及时处理运行中存在的问题。

（5）目镜：每次停车间隙，要对老化、泄漏的目镜进行更换，对糊死的目镜进行清理，不能清理干净的也要进行更换。

（6）认真执行设备的巡回检查和维护保养制度。

（7）蒸发器应避免敲击和外界机械损伤。

（8）外部保温应随时维护，安全附件必须按规定定期进行校验。

2.1.5　设备完好标准

（1）基础稳固，无裂纹、倾斜、腐蚀。

1）基础、支架坚固完整，连接牢固，无松动、断裂、腐蚀、脱落现象。

2）罐体无严重倾斜。

（2）各零部件完整无缺。

1）各零部件无一缺少。

2）罐体内外各零部件没有损坏，不变形，材质、强度符合设计要求。

3）罐体、管道的冲蚀、腐蚀在允许范围内。

4）保温层完整，机体整洁。

（3）运转正常，无跑、冒、滴、漏现象。

1）各法兰、人孔、观察孔密封良好，无泄漏。

2）进出料管道畅通，阀门开关灵活。

（4）仪器、仪表和安全防护装置齐全、灵敏可靠。

2.2　外加热强制循环蒸发器

2.2.1　工作原理

通过一台循环泵，溶液在加热管中循环，在高于正常溶液沸点压力下加热至过热。进入分离室后，溶液的压力迅速下降导致部分溶液闪蒸，或迅速沸腾。由于溶液的不断循环，管中流速和温度可以控制，以适应相应产品的要求而不受预选温差的支配。

外加热强制循环蒸发器的溶液循环速度较快，适用于处理高黏度、易结垢及易结晶的溶液，但是动力消耗较大。

2.2.2　设备的结构组成

外加热强制循环蒸发器的结构包括加热室、分离室、冷凝器、循环泵、出料泵及所有管路、阀门等。

2.2.3　设备点检标准（表4-8）

表4-8　设备点检标准

项　目	内　容	标　准	方　法	周期/h
电动机	电　流	正　常	看	1
	温　度	低于60℃	摸、测	1
	声　音	无杂音	听	1
蒸发器	目　镜	无泄漏、不糊死		1
	各焊缝	无泄漏、无振动	听、看	1
	罐　体	无泄漏、无振动		1
管道及阀门	管道及垫子	无泄漏、无振动	听、看	1
	阀门盘根	无泄漏、无振动	听、看	1
紧固部位	螺栓	紧固无松脱	摸、看	1

2.2.4　设备维护标准

（1）清扫（表4-9）。

表4-9　清扫工具及标准

部　位	标　准	工　具	周　期
目　镜	不糊死	水、破布	每次停车

（2）开车前：要检查目镜，确保无泄漏、不糊死；检查各处螺栓，确保紧固无松动；检查各处垫子，无泄漏；检查蒸发器本体，确保无漏点。

（3）运行中：按点检标准检查。

（4）停车后：及时处理运行中存在的问题。

（5）目镜：每次停车间隙，对老化、泄漏的目镜进行更换，对糊死的目镜进行清理，不能清理干净的也要进行更换。

（6）认真执行设备的巡回检查和维护保养制度。

（7）蒸发器应避免敲击和外界机械损伤。

（8）外部保温应随时维护。

（9）安全附件必须按规定定期进行校验。

2.2.5　设备完好标准

（1）基础稳固，无裂纹、倾斜、腐蚀。

1）基础、支架坚固完整，连接牢固，无松动、断裂、腐蚀、脱落现象。

2）罐体无严重倾斜。

（2）各零部件完整无缺。

1）各零部件无一缺少。

2）罐体内外各零部件没有损坏，不变形，材质、强度符合设计要求。

3）罐体、管道的冲蚀、腐蚀在允许范围内。

4）保温层完整，机体整洁。

（3）运转正常，无跑、冒、滴、漏现象。

1）各法兰、人孔、观察孔密封良好，无泄漏。

2）进出料管道畅通，阀门开关灵活。

（4）仪器、仪表和安全防护装置齐全、灵敏可靠。

2.3　水环式真空泵

参见本篇第2章第5节2.6。

2.4　液环式空压机

参见本篇第2章第5节2.7。

2.5　离心泵

参见本篇第2章第5节2.8。

2.6　污水槽

参见本篇第2章第5节2.9。

2.7　非搅拌槽

参见本篇第2章第5节2.4。

第 6 节　现场应急处置

1　蒸发站停电事故应急预案

（1）巡检人员在停电发生后，要加强相互间的联系，同时汇报当班主操及主控室；主操迅速指挥轮班人员对相关设备及流程进行检查、处置调整。

（2）当主控室发现在正常情况下系统失控，局部或全部设备无法控制，要及时汇报当班主操；主操迅速指挥轮班人员对相关设备及流程进行检查、处置调整。

（3）现场处置措施

1）如果蒸发站发生大面积或局部停电，主操应立即向区域及调度中心汇报情况，同时了解停电范围、恢复时间。

2）将蒸发器冷凝水改至赤泥洗水槽。

3）直接与调度中心紧急联系压汽，关闭蒸发器进汽阀门，打开安全排空阀排气，快速消除压力。

4）快速将轮班人员合理分工，分别查清设备状态，打开Ⅱ、Ⅲ、Ⅳ效分离室排空阀排汽，消除压力，防止因压力高而管道打垫子。将检查结果向调度中心及区域领导汇报。

5）及时联系值班电工与调度中心询问停电原因及恢复送电信息。

6）处置蒸发器液位，防止液位过高造成冷凝水带碱，做好恢复开车准备。

7）待来电后联系汇报调度中心，按作业标准重新开车或备开。

2　蒸发站停汽或蒸汽压力突然降低事故应急预案

（1）主控室作业人员发现在正常情况下系统压力、温度、物料及蒸汽流量、液位等系统参数突然变化时要及时进行检查，确定是否出现停汽情况并通知当班主操。

（2）当发现蒸汽停供时，巡检及副操应及时到现场查看是否有管道、阀门等泄漏，将现场情况汇报主操。

（3）向区域领导及调度中心汇报现场情况，了解停汽原因及恢复时间，认真执行调度中心指令。

（4）现场处置措施

1）当出现停汽或气压降低情况时，首先立即将蒸发器冷凝水改至赤泥洗水槽，避免污染好冷凝水槽。

2）蒸发器组原运行不变，逐步减少原液进料量，稳定蒸发器液位，避免液位过高造成冷凝水带碱。

3）蒸汽压力降低无法保证蒸发器运行时，联系调度中心，压停蒸发器。

4）蒸汽全停时，联系调度中心，关闭新蒸汽阀门。

5）待供汽恢复后，联系调度中心，按作业标准重新开车。

3　蒸发器目镜破裂事故应急预案

（1）当发现蒸发器组某一效出现目镜破裂情况时，应及时要求副操、巡检工通过其他安全通道进入蒸发主体，在远处进行观察，并预先考虑好安全撤离路线；将现场情况通知当班主操。

（2）当班主操应迅速确定目镜破裂后的泄漏情况对区域生产的影响程度，初步确定处理措施。

（3）向区域领导及调度中心汇报目镜破裂后的泄漏情况及对生产的影响，认真执行调度中心指令。

（4）现场处置措施

1）立即将回水改进赤泥洗水槽。

2）逐步降低蒸发器使用气压，同时联系调度中心，蒸发器组压汽停车。

3）密切关注总压、另一组蒸发器使用气压及原液槽液位，避免外部供汽出现剧烈波动，确保液量顺利转移。

4）尽快断料，将相应效内的料撤空。

5）待破裂的目镜孔不再泄漏物料及蒸汽，打开高压水对目镜孔及周边地坪做相应处理，防止碱灼伤。

6）对破裂的目镜进行更换，确保更换质量。

7）对其他目镜进行检查，杜绝出现类似事故。

8）目镜更换完后，及时联系汇报调度中心，根据指令按作业标准重新开车或备开。

4　蒸发器干罐事故应急预案

（1）巡检人员在巡检时要注意降膜效循环泵运转情况，当发现某降膜效循环泵出现故障或跳停，要立即联系主控室及当班主操迅速对蒸发器组进行处置调整。

（2）巡检人员及副操在巡检时要注意降膜效循环泵运转电流，当发现某降膜效循环泵电流突然降低或达不到正常值，要立即汇报当班主操并迅速对蒸发器组进行处置调整。

（3）主控室作业人员发现在正常情况下系统压力、温度、物料及蒸汽流量、液位等系统参数突然变化时要及时进行检查，确定是否出现干罐情况并通知当班主操。

（4）当班主操应迅速确定干罐情况对区域生产及蒸发器组的影响程度，初步确定处理措施。

（5）现场处置措施

1）立即将回水改进赤泥洗水槽。

2）通过远程控制逐步降低蒸发器使用气压，同时联系调度中心，蒸发器组压汽停车。

3）向区域领导及调度中心汇报干罐情况及对生产的影响，认真执行调度中心指令。

4）密切关注总压、另一组蒸发器使用气压及原液槽液位，避免外部供汽出现剧烈波动，确保液量顺利转移。

5）降膜效循环泵、过料泵出现故障干罐，须联系检修人员，待管道及容器内的物料、压力消除、进行初步降温后方可上人检修；检修、试车完成后，联系汇报调度中心，按作业标准水洗。

6）降膜效循环泵、过料泵电动机出现故障干罐，须联系值班电工检查出现故障的循环泵电动机；如电动机跳停，通过复位后可正常运转，汇报调度中心并根据指令，按作业标准提前水洗；如电动机烧损，须联系检修人员更换电动机，待管道及容器内的物料放净、压力消除、初步降温后方可上人检修；检修、试车完成后，联系汇报调度中心，按作业标准水洗。

7）强制效进料泵出现故障干罐，须立即联系汇报调度中心，强制效压汽停车，降膜效正常运行；联系检修人员，待管道及容器内的物料放净、压力消除、初步降温后方可上人检修；检修、试车完成后，联系汇报调度中心，按作业标准水洗。

8）强制效进料泵电动机出现故障干罐，须立即联系汇报调度中心，强制效压汽停车，降膜效正常运行；如电动机跳停，通过复位后可正常运转，汇报调度中心并根据指令，按作业标准提前水洗；如电动机烧损，须联系检修人员更换电动机，待管道及容器内的物料放净、压力消除、初步降温后方可上人检修；检修、试车完成后，联系汇报调度中心，按作业标准水洗。

9）液位计、电动阀等计控设备故障干罐，须联系计控人员检查出现故障的计控设备。如需更换计控设备，须联系检修人员更换，待管道及容器内的物料放净、压力消除、初步降温后方可上人检修；检修、试车完成后，联系汇报调度中心，按作业标准水洗。

第Ⅱ篇 焙烧成品作业区

焙烧成品作业区是氧化铝生产的最后一道工序，主要负责将种分分解的氢氧化铝料，经过水平盘式过滤机的液固分离，生产出白色合格的氢氧化铝。氢氧化铝经过气态悬浮焙烧炉焙烧后，生产出国家一级品标准的氧化铝（Al_2O_3），经风动溜槽浓相输送至氧化铝包装站进行包装，经质量验证后装车发往下游的电解铝企业。

前后联系密切的主要工序有分解蒸发区、燃气制备区和热电动力区。分解蒸发区主要提供合格的氢氧化铝料浆，并接收平盘过滤机液固分离后产生的滤液；燃气制备区主要提供焙烧炉焙烧氢氧化铝的热源（煤气）；热电动力区主要提供蒸汽用于加热平盘过滤机的洗涤水温度，确保洗涤效果。

第5章 平盘主控岗位作业标准

第1节 岗 位 概 述

1 工作任务

（1）合理调整料浆固含、流量、洗水温度、平盘转速等相关过程参数，确保平盘过滤、洗涤产出合格的氢氧化铝供焙烧炉或进 AH 仓。

（2）合理控制蒸汽、工业用布、洗水的消耗。

（3）组织平盘系统的开停车，槽罐碱洗等工作，确保平盘正常运行。

（4）做好对外的联系协调工作，确保料浆及水汽风电的正常供应。

2 工艺原理

成品过滤系统是将来自种子分解的水力旋流器的底流，送入氢氧化铝料浆搅拌槽，经料浆泵打至平盘过滤机，在真空作用下进行液固分离，产出的合格氢氧化铝经螺旋卸料通过皮带送往焙烧炉或氢氧化铝储仓，产生的母液、一次洗液（第一弱滤液）、二次洗液（第二弱滤液）、末次洗液（强滤液）经母液真空受液槽、一次洗液（第一弱滤液）真空受液槽、二次洗液（第二弱滤液）真空受液槽和末次洗液（强滤液）真空受液槽，分别进入母液槽、一次洗液（第一弱滤液）槽、二次洗液（第二弱滤液）槽和末次洗液（强滤液）槽，最后母液经母液泵送至分解蒸发区细种子沉降槽，末次洗液（强滤液）经强滤液泵送往分解蒸发区细种子沉降槽，一次洗液、二次洗液在过滤机运行中循环使用。

3 工艺流程（图 5-1）

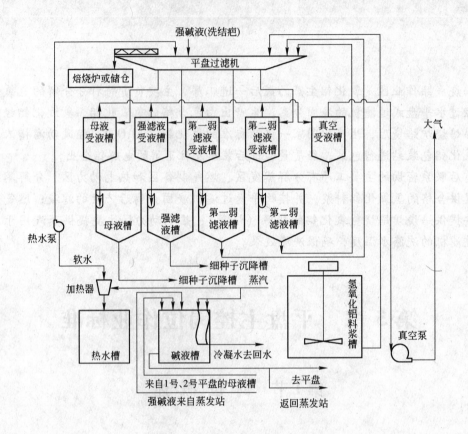

图 5-1 平盘系统工艺流程

第 2 节 安全、职业健康、环境、消防

1 危险源辨识及控制措施（表 5-1）

表 5-1 危险源及控制措施

序 号	危险危害因素	控制措施
1	湿手触摸电器插座、插头，私自接线导致人员触电	规范使用电源，接线、检查线路由电工等专业人员操作
2	进入生产现场劳保用品穿戴不规范，造成人员伤害	正确穿戴劳动保护用品
3	现场检查时，走道盖板缺失、松动，人员坠落	确认盖板完好、牢固
4	现场检查时，与放料口、平盘下料口过近，被料浆碱液灼烫伤	戴好护目镜或面罩，保持安全距离

序　号	危险危害因素	控制措施
5	高空区域检查，无防范措施易坠落	佩带安全带；行立于安全平台
6	违章指挥、下达指令错误，造成伤害事故	熟悉现场，严格按生产、装备、安全技术标准、规定指挥作业
7	现场存在粉尘、高温、噪声，引发职业病	穿戴好防护用品，确保防护设施完好
8	电离辐射引发职业病	合理安排操作时间，主副操交替控制
9	取消控制联锁，导致设备、工艺安全事故发生	禁止随意取消控制联锁

2　安全须知

（1）凡进入区域的新员工、外培实习和新调人员，都必须接受入厂、区域、班组岗位三级安全教育，经考试合格后，方可上岗工作。

（2）严格遵守劳动纪律和各项规章制度，班前班中不准喝酒，禁止精神失常者上岗工作。

（3）工作前要穿戴好必要的劳动保护品，包括工作服、雨衣、酸衣、工作帽、披肩帽或安全帽、手套、绝缘手套或胶皮手套、劳保鞋、绝缘鞋或胶鞋、防护眼镜或面罩等，并做到"三紧"。

（4）工作期间不准穿拖鞋、凉鞋、高跟鞋、短裤或光膀子，女工留长发辫子的要系在工作帽内。

（5）工作时间严禁打闹斗殴、开玩笑、打盹睡岗、串岗、脱岗。严禁下棋、打牌、洗澡、到处乱跑等，严禁做与工作无关的私活。

（6）严格遵守区域作业标准，做好本职工作，自己的岗位不经直接上级批准，不得私自交给他人看管，否则，发生的问题由本人负责。

（7）在雨雪冰冻、积水、碱液和油、酸处行走和工作时，应谨慎小心，以防滑倒伤人。

（8）上下楼梯、爬梯要手扶栏杆，在槽上工作人员，不准靠栏杆休息、打闹和开玩笑，严禁往下乱扔东西，以免落物伤人。

（9）严禁用湿手触摸电气设备，电气设备发生故障一律由电工处理，不准私自处理，以免触电伤人。

（10）岗位人员进槽内工作时，必须确认工作票的执行情况，监督挂上警告牌，有传动的设备要切断电源，外边要有专人监护，槽内要保持通风良好，温度降到40℃以下，照明使用 12V 安全灯。按要求开危险作业许可证后，方可施工。

（11）槽上禁止往下扔东西，必要时要有专人看守，危险区要用警戒带（线）围起来，并挂上"危险"、"禁止通行"的警告牌。

（12）对氧气瓶、油类、电石、木材、棉纱等易燃易爆品，应分别妥善保管，各仓库严禁烟火，并严格遵守相关仓库安全规定。

（13）对岗位所属区域要杜绝跑、冒、滴、漏现象，做到安全文明生产。

（14）用碱液冲洗管道、溢流管道时，除通知岗位人员不准开阀送料外，应派专人监护，防止误开泵伤人，碱洗平盘盘面时应要求现场人员戴防护眼镜。

（15）禁止随意取消联锁控制，以免发生事故。

（16）随时与现场岗位人员取得联系，确保发出指令正确无误后，方可操作控制。

（17）下指令时，必须考虑安全措施情况，并与岗位人员沟通确认。

3　环境因素识别及控制措施（表5-2）

表5-2　环境因素及控制措施

序　号	环 境 因 素	控 制 措 施
1	电能消耗	根据照明需求，按时开关灯，禁止私自用大功率电器
2	生活垃圾、废水污染环境	分类收集、集中处理
3	废电池污染环境	分类收集、集中处理
4	电脑工作产生热量进入大气污染环境	安装空调降温
5	运行记录使用纸、笔及相关学习文具，消耗材料	节约资源
6	使用微波炉，耗电，释放能量	节约用电，减少使用次数

4　消防

（1）贯彻执行"防消结合、预防为主"的消防方针。

（2）学习消防安全知识，认真执行消防安全管理规定，熟练掌握工作岗位消防安全设施的使用方法。

（3）坚守岗位，提高消防安全意识，发现火灾应立即报告，并积极参加扑救。

（4）班前、班后认真检查岗位上的消防安全情况，及时发现和消除火灾隐患，自己不能消除的应立即报告。

（5）爱护、保养好本岗位的消防设施、器材。

（6）积极参加消防安全教育、培训、演练，熟练掌握有关消防设施和器材的使用方法，熟知本岗位的火灾危险和防火措施，提高消防安全业务技能和处理事故的能力。

（7）熟悉安全疏散通道和设施，掌握逃生自救的方法。

（8）现场消防器材齐全可靠，取用方便。

（9）氧气瓶、乙炔瓶、油类、棉纱等易燃、易爆品应分别保管，仓库内严禁烟火。

（10）岗位用火炉、微波炉必须符合生炉规定，并取得消防部门用火证方可使用。

（11）严禁流动吸烟。

（12）严禁使用汽油、易挥发溶剂擦洗设备、工具及地面等。

（13）严禁损坏作业区内各类消防设施。

（14）严禁在防火重点区域（AH油库及其他库房）内吸烟。

（15）责任区域内"七防"（防火、防雷电、防中毒、防暑降温、防尘、防爆、防洪）用品和设施不准挪用，并定期进行检查和维护。

第3节　作业标准

1　平盘主控室岗位操作规程

1.1　平盘开停车程序

1.1.1　开车前的准备工作

（1）计算机正常好用，各控制点均在"远程"位置。

（2）按照所确定的工艺流程检查设备、阀门等是否具备开车条件，检查相应所需启动的设备。

（3）通知电工检查电动机及控制系统是否正常。

（4）检查各种联系通信设施是否畅通。

（5）检查各种仪表及附属设施是否安全可靠。

（6）检查设备的各个润滑点是否润滑良好。

（7）停车 8h 以上，应通知电工检查电动机绝缘（阴雨天 4h）情况。

（8）检查各种设备的备用情况，并做好记录。

（9）检查压缩机和真空泵冷却水系统是否正常。

（10）向 AH 料浆槽供水，当水淹没搅拌器螺旋桨叶后，启动搅拌，之后联系分解，向 AH 料浆槽供应料浆。

（11）与分解蒸发区联系向洗水槽（热水槽）供蒸发冷凝水。

（12）必要时用开启热水加热器，到温度为 90℃左右，到此准备完毕。

1.1.2　平盘开车过程

（1）确认中心启动的所有设备均处于停止状态。

（2）检查过滤机盘面，不允许有任何杂物及遗留工具。

（3）将强滤液槽、母液槽、弱滤液槽用洗水灌至半槽。

（4）启动平盘润滑油泵。

（5）抬起挡料板，启动 AH 皮带输送机。

（6）打开真空泵、空压机放散，关闭空压机至平盘阀门，启动真空泵、空压机。

（7）启动卸料螺旋。

（8）平盘转速控制输出为 5% 时，启动平盘传动电动机，并逐渐提高转速。

（9）设定第一、第二弱滤液泵、强液泵、母液泵控制输出为 10%，相继启动。

（10）设定洗水泵控制输出为 10%，启动洗水泵，并逐渐提高泵转速直至平盘上料。

（11）设定料浆泵控制输出为 10%，启动料浆泵，并逐渐提高泵转速直至平盘上料。

（12）当平盘盘面有残余滤饼时，打开反吹风阀，逐步关闭放散阀，调整反吹风压力。

（13）检查母液槽，强液槽，第一、第二弱滤液槽液位，调整相应泵转速，直至各滤液管道输送畅通。

（14）根据需要，调整料浆流量、真空度、洗水量、反吹风压力及平盘转速直至 AH 滤饼合格，待各项技术条件及控制参数满足生产需要并稳定后，控制方式可由"手动"改至"自动"。

（15）待 AH 滤饼合格、稳定后，放下挡料板，向焙烧炉供料。

（16）待母液槽、强滤液槽有液位显示时，开启母液泵、强滤液泵，向分解蒸发区细种子沉降槽送料。

（17）系统检查各仪表指示及现场实际情况，按要求做好各项记录及控制参数，精心操作确保平盘稳定运行。

1.2　平盘计划停车

（1）接到停车命令后，通知种子分解分级机停止进料。

（2）平盘系统各设备控制方式由"自动"改为"手动"。

（3）拉空料浆槽后停料浆泵，打开空压机放散，同时始终保持系统的真空度和洗涤水（如短期停车，可不拉空料浆槽）流量。

（4）用卸料螺旋尽可能地将平盘上的料卸出。

（5）通知蒸发停止送水，关闭热水槽顶进水阀及进蒸汽阀，停热水泵。

（6）拉空强液槽、母液槽，降低强液泵、母液泵及第一、第二弱滤液泵的转速并控制输出为 10%，停强液泵，母液泵，第一、第二弱滤液泵，通知泵房岗位放料，并将污水槽流程改至母液槽。

（7）停平盘及卸料螺旋，将盘面残余滤饼清干净，清理中防止损坏滤布。

（8）关闭反吹风阀，停空压机。

（9）待残余滤饼清理干净后启动平盘。

（10）启动洗水泵，用水将盘面上的残余料冲走，将滤布冲洗干净。

（11）滤布冲洗干净后，停洗水泵。

（12）降低平盘转速，停平盘，停卸料螺旋。

（13）平盘润滑油泵打至现场运行 20min 后，停平盘润滑油泵。

（14）停真空泵，关闭循环上水阀，通知泵房岗位放泵内积水。

（15）顺序停平盘出料皮带。

（16）各泵、各槽内料放完及母液槽打空时，停母液泵，通知岗位巡检人员放料并确认污水进料浆槽。

（17）检查滤布有无破损，如有及时更换。

（18）清理平盘环境及设备卫生，停车完毕。

1.3　平盘紧急停车

（1）在计算机上停下盘面，随后停下卸料螺旋。

（2）将反吹风阀门关闭，停成品过滤系统的压缩空气。

（3）如果停车时间较长，则停成品过滤系统洗水、弱滤液。

1.4　平盘碱洗程序

在平盘系统运行一段时间后，由于氢氧化铝颗粒的沉积，过滤机滤布表面不可避免地会形成结疤，影响过滤效果，而滤布的破损则会造成受液槽、储液槽内浮游物增加，累积也会形成结疤，影响槽罐的正常使用，严重的还会造成堵塞，影响正常生产。因此，需要定期对结疤进行碱洗。滤布的碱洗周期在通常情况下为 10~15d，实际的碱洗需视盘面过滤效果、结疤情况决定，而对槽罐的碱洗，在通常情况下则视槽罐结疤程度决定，一个检修周期进行一次检查。

1.4.1 碱洗前的检查和准备

（1）检查平盘系统流程是否正确。

（2）检查盘面余料是否清理干净；平盘系统停料，洗水、弱滤液停止向盘面供应。

（3）检查强碱槽放料阀是否关闭，是否具备进碱条件。

（4）确认强碱泵是否具备运行条件。

1.4.2 平盘过滤机滤布碱洗

（1）联系分解蒸发区，打开强碱槽顶部进料阀进强碱液（浓度 280～320g/L）。

（2）进满一槽强碱后，关闭进料阀，打开强碱槽蒸汽阀门使用蒸汽加热强碱。

（3）强碱加热到 95～105℃，对强碱管道的流程进行确认。

（4）清理干净盘面余料，启动强碱泵将强碱打到盘面开始碱洗，碱洗时间为 15～30min。

（5）碱洗结束后，往盘面供应洗水、弱滤液，冲洗盘面 5～10min。

（6）碱洗结束后，将强碱槽内残余的强碱通过放料阀放出，通过改换污水管道流程，将强碱改往室内槽罐继续碱洗或者改往强滤液槽外送。

1.4.3 槽罐碱洗

（1）联系分解蒸发区，打开强碱槽顶部进料阀进强碱液（浓度 280～320g/L）。

（2）进满一槽强碱后，关闭进料阀，打开强碱槽蒸汽阀门使用蒸汽加热强碱。

（3）强碱加热到 95～105℃后，对强碱管道的流程进行确认。

（4）将需要清洗的槽罐的锥部放料阀打开，启动强碱泵往槽内打强碱进行碱洗。

（5）将污水流程改往强碱槽，循环进行加热碱洗，碱洗 4～6h。

（6）观察槽内结疤情况，如有需要可将强碱泵停下停止往槽内打强碱。

（7）结疤清除干净后，停强碱泵并将强碱槽内残余的强碱放空。

（8）如有需要可直接通过改换强碱管道流程或者污水管道流程，将强碱改往室内槽罐继续碱洗或者改往强滤液槽外送。

1.4.4 碱洗注意事项

（1）在进强碱、加热及清洗作业过程中，岗位操作人员必须加强巡视，严防跑碱漏碱。

（2）在清洗盘面过程中，岗位操作人员需防止强碱溅入 AH 皮带输送系统，以免造成设备腐蚀和影响氢氧化铝产品质量。

（3）在清洗结束后，岗位人员必须对清洗流程相关部位进行放料，防止清洗流程堵塞，必须将强碱槽积料排空。

2 常见问题及处理办法

2.1 AH 滤饼的附碱高

2.1.1 问题原因

（1）三次反向洗涤不彻底。

（2）洗水温度低。

（3）洗水中含碱量高。

（4）滤布质量差。

(5) 滤网或滤板堵塞。

(6) 平盘内外圈窜液。

(7) 料浆流量大。

(8) 真空度低。

(9) 残余滤饼结硬。

2.1.2　处理方法

(1) 调节三次反向洗涤液量。

(2) 提高洗水温度。

(3) 降低洗水中含碱量或使用合格洗水。

(4) 更换合格滤布。

(5) 更换滤网或清理滤板。

(6) 铲内外圈滤饼或调整液量。

(7) 调整料浆流量。

(8) 调整真空度。

(9) 铲残余滤饼及提高反吹风压力。

2.2　平盘滤液不好下、产能低

2.2.1　问题原因

(1) 种子分解分级机来料固含低、黏度大、颗粒细。

(2) 平盘盘面滤饼结死。

(3) 洗水温度低。

(4) 反吹风压力小。

(5) 真空度低。

(6) 滤布质量差。

(7) 滤网或滤板堵塞。

(8) 液封槽或真空受液槽堵。

2.2.2　处理方法

(1) 要求种子分解分极机调整料浆质量。

(2) 平盘停车后用铁锹小心铲滤饼。

(3) 提高洗水温度。

(4) 提高反吹风压力。

(5) 提高真空度。

(6) 更换合格滤布。

(7) 更换滤网或清理滤板。

(8) 清理液封槽或真空受液槽。

2.3　AH 滤饼附水高

2.3.1　问题原因

(1) 滤布质量太差。

(2) 滤网或滤板堵塞。

(3) 真空度低。

　　(4) 料浆密度太低。

　　(5) 洗液量过大。

2.3.2　处理方法

　　(1) 更换合格滤布。

　　(2) 更换滤网或清理滤板。

　　(3) 提高真空度。

　　(4) 要求种分提高料浆固含。

　　(5) 调整洗液量。

2.4　滤液浮游物高

2.4.1　问题原因

　　(1) 滤布质量差。

　　(2) 滤布有破损。

　　(3) 真空度过高。

　　(4) AH 料浆颗粒过细。

2.4.2　处理方法

　　(1) 更换合格滤布。

　　(2) 更换破损滤布。

　　(3) 调整真空度。

　　(4) 要求种子分解分级机调整粒度。

3　巡检路线

　　平盘→螺旋→空气贮槽→平盘传动系统→汽液分离器→第一弱滤液真空受液槽→第二弱滤液真空受液槽→强滤液真空受液槽→母液真空受液槽→料浆密度仪→平盘出料 AH 皮带→各离心泵→AH 料浆槽→AH 料浆槽搅拌→料浆泵→板式给料机→AH 输送皮带

4　平盘系统的工艺、设备联锁

4.1　平盘系统的联锁

　　(1) 说明:

　　1) 注解 (代码的含义): SA—安全联锁; OP—操作联锁; ST—启动联锁; PR—保护联锁。

　　2) 所有的联锁必须是远程状态, 联锁才起作用, 就地状态联锁不起作用。

　　(2) 平盘联锁条件: 真空泵、空压机、平盘出料皮带 (相对应平盘的设备) 三者必须全部先启动 (使用备用设备时必须将备用设备联锁选择投运到待启平盘), 平盘才能启动; 上述三者中任一设备停止, 联锁平盘跳停; 平盘跳停不联锁上述设备停车。

　　(3) 料浆泵联锁条件: 平盘启动后, 料浆泵才能启动; 平盘停, 联锁料浆泵停车。

　　(4) 母液泵、一次洗液泵、二次洗液泵、末次洗液泵联锁条件: 对应各滤液槽液位低

于低低报液位 (0.3m) 时对应的泵跳停, 当液位没有低低报警值时复位后可正常启动。(此联锁可选择手动解锁或者联锁)

(5) 污水槽联锁条件: 当污水泵远程控制方式选择"自动"时根据液位高低自动启停; 选择远程控制方式"手动"时液位联锁无效; 远程"自动"方式启动时: 液位高于 1.5m 时污水泵自动启动, 当液位低于 0.4m 时污水泵自动停止。

4.2　AH 输送系统联锁

(1) 说明:

1) 注解 (代码的含义): SA—安全联锁; OP—操作联锁; ST—启动联锁; PR—保护联锁。

2) 所有的联锁必须是远程状态联锁才起作用, 就地状态联锁不起作用。

(2) AH 输送系统分两段, F101A、F101B、1 号、2 号皮带机为一段, 3 号、4 号、5 号、6 号、7 号、8 号、9 号为另外一段, 两段皮带互不联锁。

(3) F101A/F101B 皮带联锁条件: 启动 F101A/F101B 皮带时可以选择跟 1 号或者 2 号联锁, 选择某条皮带联锁, 先启动所选的联锁皮带, 再启动 F101A/F101B 皮带; 1 号、2 号皮带停车相对应联锁的 F101A/F101B 皮带停车。

(4) 5 号皮带不启动, 4 号皮带启动不了, 5 号停车, 4 号联锁停车。

(5) 8 号皮带不启动, 7 号皮带启动不了, 7 号不启动, 6 号启动不了; 8 号停车, 联锁 7 号停车, 6 号停车; 反向不联锁, 比如: 6 号停车, 7 号、8 号不停车。

(6) 4 号、8 号两者必须至少一条启动, 3 号皮带才能启动; 当 4 号、8 号皮带单启时, 4 号单启, 3 号皮带只能反转, 8 号单启时, 3 号只能正转; 4 号、8 号两者都停车, 3 号皮带联锁停车; 二者有一条运行, 3 号皮带不停车。(注: 3 号皮带可正反转, 正转去 8 号皮带, 反转去 4 号皮带)

(7) 所有皮带上的三通分料阀、犁式卸料器、振动器、给料机没有联锁条件, 均可单启单停。

第 4 节　质量技术标准

1　平盘主控岗位质量技术标准

平盘母液浮游物: ≤10.0g/L　　　　　　　平盘滤饼附碱 $w(Na_2O_T)$: ≤0.06%

平盘滤饼附液率: ≤6%　　　　　　　　　平盘滤饼中 AH 粒度 (−44μm): 5% ~8%

2　平盘主控岗位工艺控制技术标准

真空度: 0.04 ~0.07MPa　　　　　　　　碱洗液碱浓度: 280 ~320g/L

反吹风: 0.01 ~0.03MPa　　　　　　　　碱洗液碱温度: 95 ~105℃

洗水温度: 85 ~95℃

3　平盘岗位经济技术标准

水耗: 0.15 ~0.35t/t-AH　　　　　　　　汽耗: ≤0.02t/t-AH

第 5 节　设　　备

1　设备、槽罐明细表（表5-3）

表5-3　设备、槽罐规格型号

序号	设备名称	规 格 型 号	数量
1	氢氧化铝料浆储槽	$\phi 6.0 \times 10.0 m$, $V = 280 m^3$, 65℃	2
	附：搅拌电动机	$N = 22 kW$, IP55, F	2
2	氢氧化铝浆调速泵	$Q = 200 m^3/h$, $H = 55 m$	3
	附：电动机	$N = 132 kW$	3
3	水平盘式过滤机	$F = 64 m^2$, $D = 9.3 m$, $95.5 m^3/h$	2
	附：主驱动电动机	$N = 22 kW$, 380V, IP55, 4P, F	2
	附：出料螺旋驱动电动机	$N = 22 kW$, 380V, IP55, 4P, F	2
	附：润滑油泵驱动电动机	$N = 0.55 kW$, 380V, IP55, 4P, F	2
4	储气罐	$\phi 1.2 m \times 1.2 m$	2
5	母液真空受液槽	$\phi 1.8 m \times 1.8 m$	2
6	末次洗液真空受液槽	$\phi 1.5 m \times 1.5 m$	2
7	二次洗液真空受液槽	$\phi 1.5 m \times 1.5 m$	2
8	一次洗液真空受液槽	$\phi 1.8 m \times 1.8 m$	2
9	气液分离器	$\phi 2.0 m \times 2.0 m$	2
10	母液槽	$\phi 3.0 m \times 3.0 m$	2
11	末次洗液槽	$\phi 2.0 m \times 3.0 m$	2
12	二次洗液槽	$\phi 2.0 m \times 3.0 m$	2
13	一次洗液槽	$\phi 2.0 m \times 3.0 m$	2
14	母液泵	$Q = 160 m^3/h$, $H = 45 m$, 1450r/min	4
	附：电动机	$N = 55 kW$, IP54, F	4
15	末次洗液泵	$Q = 80 m^3/h$, $H = 50 m$	4
	附：电动机	$N = 30 kW$, IP54, F	4
16	二次洗液泵	$Q = 80 m^3/h$, $H = 40 m$	4
	附：电动机	$N = 30 kW$, IP54, F	4
17	一次洗液泵	$Q = 80 m^3/h$, $H = 40 m$	4
	附：电动机	$N = 30 kW$, IP54, F	4
18	水环真空泵	$Q = 18000 m^3/h$, 绝对压力 $0.20 \times 10^5 Pa$	3
	附：电动机	$N = 355 kW$, 10kV, IP54, F	3
19	水环式压气机	$Q = 1800 m^3/h$, $P = 0.25 \times 10^5 Pa$（表压）	3
	附：电动机	$N = 55 kW$, 380V, IP54, F	3

序号	设备名称	规 格 型 号	数量
20	热水槽	$\phi5.0m \times 8.0m$	2
	附：加热器	$Q = 150t/h$	2
21	热水泵	$Q = 80m^3/h$, $H = 50m$, 95℃	3
	附：电动机	$N = 22kW$, 380V, IP55, F, 2900r/min	4
22	污水槽	$\phi2.0m \times 2.0m$	1
	附：搅拌电动机	$N = 3kW$, IP55, F	1
23	污水泵	$Q = 50m^3/h$, $H = 20m$, 1450r/min	1
	附：电动机	$N = 18.5kW$, IP55, F	1
24	碱液槽	$\phi5.0m \times 5.0m$	1
25	碱液泵	$Q = 50m^3/h$, $H = 80m$, 2900r/min	1
	附：电动机	$N = 37kW$, IP54, F	1
26	皮带输送机	$B = 800$, $L_水 = 8650$, $L = 21000$, $H = 0$, $\alpha = 0°$, 150t/h, 1.25m/s	2
	附：电动机	$N = 7.5kW$	2
27	单轨小车	$Q = 5t$, $H = 6m$	1
	手拉葫芦	$Q = 5t$, $H = 6m$	1
28	电动葫芦	$Q = 2t$, $H = 18m$	1
	附：起升电动机	$N = 3kW$, $n = 1380r/min$	1
	附：运行电动机	$N = 0.4kW$, $n = 1380r/min$	1
29	单轨小车	$Q = 2t$, $H = 18m$	1
	手拉葫芦	$Q = 2t$, $H = 18m$	1
30	单轨小车	$Q = 3t$, $H = 12m$	1
	手拉葫芦	$Q = 3t$, $H = 12m$	1

2　主要设备

2.1　水平盘式过滤机

2.1.1　工作原理

平盘为水平安装的回转托盘，上部有支撑格板，用来安装孔板、尼龙网和滤布，它的锥形底部有孔与下面的真空系统、高压风系统、返液系统轮回相通。平盘共分 20 个互不相通的扇形区，随着平盘的转动完成平盘的下料过滤吸干、滤布吹起松动物料、洗涤、真空吸干、蒸汽干燥、过滤、螺旋刮料等各项过程。

2.1.2　设备的结构组成

（1）平盘驱动部分：润滑油泵、电动机、减速器、小齿轮、大齿轮、平盘。

（2）卸料部分：电动机、减速机、螺旋、下料口。

（3）辅助部分：布料管箱、供料管道、供气管道、供水管道、罩子等。

2.1.3　设备润滑标准（表5-4）

表5-4　设备润滑标准

润滑部位	润滑方式	润滑油型号	加油周期	加油量	换油周期	换油量	加换人员
蜗轮减速机	油浴润滑	460 号极压齿轮油	每半月检查一次油位，接近或低于下限时1次	达到或接近油位上限	6个月	废油全部清理干净后更换，加到油位上限	操作人员
螺旋减速机	油浴润滑	460 号极压齿轮油					
转动部分	集中润滑（润滑油泵）	2 号锂基脂	油泵油位低时	油位上限	无		
电机轴承	手工加脂	2 号磺基脂				轴承容积2/3	电　工

2.1.4　设备点检标准（表5-5）

表5-5　设备点检标准

点 检 人 员	岗 位 巡 检 工
时间	2h/次
方法	"视、听、触、摸、嗅"五感法、测温仪
点检内容及标准	1. 基础平整稳固，无裂纹、倾斜、腐蚀、剥落、变形现象，地脚紧固； 2. 运转正常，零部件完整无缺，机体整洁，无积油、积料； 3. 声音正常，无杂音； 4. 无异味； 5. 温度正常，符合要求，无发热部位，螺旋减速机≤85℃，减速器≤80℃； 6. 润滑良好，油质、油量符合要求。油泵运行正常，油量充足，油路畅通无堵塞； 7. 振动正常，不过大，符合要求，无异常振动；各部位螺栓紧固无松动； 8. 螺旋、挡料板不变形、下沉，不刮布； 9. 滤布无破损，真空度符合要求，洗水喷嘴完好、无堵塞； 10. 密封良好，无明显渗油和跑、冒、滴、漏； 11. 计量仪表和安全防护齐全、灵敏、可靠； 12. 设备无腐蚀现象

2.1.5　设备维护标准

（1）清扫（表5-6）。

表5-6　清扫工具及标准

部　位	标　准	工　具	周期/h
减速机	见本色	水、破布	24
电动机	见本色	破　布	24

（2）开车前测电动机绝缘，空车试转，检查润滑油量。

（3）没有投入使用的扇形板及网袋应在固定地点放整齐，不得在上面堆放其他重物和踩踏，以免变形，使用前应清洗干净。

（4）破坏或变形的扇形板应及时拆下进行修复整形，必要时更换扇形板，以免影响过滤效果。

（5）滤盘滤布用水彻底清洗一次，以提高过滤能力。

（6）耐磨盘是接通滤盘各部位到相关工作区的关键部件，如发现分配阀密封面泄漏或真空度调不高，应进行调整使其端面与空心轴端面平行，且留有不大于0.25mm的间隙。

（7）过滤机停机时，应注意检查紧固螺栓，发现松动，立即拧紧。注意各连接处不得有松动，以免脱落产生严重后果。

（8）润滑：减速机运转时在第一次用油500h后更换，以后每5000h（最长不超过6个月）更换一次。润滑油牌号 -10~0℃时选用N46、N48。0~40℃时选用N68、N100、N150或N220。

2.1.6　设备完好标准

（1）主驱动电动机-减速机系统、润滑油泵系统、平盘立柱等基础完整，无变形、裂纹、下沉，地脚螺栓紧固可靠。

（2）零部件完整无缺，强度符合要求。

（3）主驱动系统、卸料系统、润滑油泵、静分配盘等的安装、调整、磨损极限，密封性等符合检修规程质量标准规定。

（4）运转平稳，无异常振动，各部位连接螺栓紧固良好。

（5）润滑良好，标号、油温、油量、油质符合规定。

（6）计量仪表和安全防护装置齐全，动作准确、灵敏可靠。

（7）机体整洁，无明显渗油和跑、冒、滴、漏。

2.2　水环式空压机

2.2.1　工作原理

水环压缩机的原理：叶轮偏心地配置在气缸内，并在气缸内引进一定量的水或其他液体作为工作液。当叶轮旋转时，水被叶轮抛向四周，由于离心力的作用，水形成了一个取决于空压机腔形状的近似于等厚度的封闭圆环。水环的下部内表面恰好与叶轮轮毂相切，水环的上部内表面刚好与叶片顶端接触（实际上叶片在水环内有一定的插入深度）。此时叶轮轮毂与水环之间形成一个月牙形空间，而这一空间又被叶轮分成和叶片数目相等的若干个小腔。如果以叶轮的下部0°为起点，那么叶轮在旋转前180°时小腔的容积由小变大，且与端面上的吸气口相通，此时气体被吸入，当吸气终了时小腔与吸气口隔绝。当叶轮继续旋转时，小腔由大变小，气体被压缩。当小腔与排气口相通时，气体便被排出空压机外。

2.2.2　设备的结构组成

水环式空压机结构主要由泵壳、叶轮、端盖、吸入孔、排出孔、液环、工作室等组成。

2.2.3　设备润滑标准（表5-7）

表5-7　设备润滑标准

润滑部位	润滑方式	润滑油	周　期
轴　承	脂润滑	2号锂基脂	每班适当补充，一年检查一次，清除老化的润滑脂，更换新油

2.2.4　设备点检标准（表5-8）

表5-8　设备点检标准

项　目	内　容	标　准	方　法	周期/h
电动机	电　流	正　常	看	2
	温　度	<60℃	摸、测	2
	声　音	无异音	听	2
泵　体	填料室	盘根磨损一般不超过1mm，灯笼环阻塞	看	2
	轴	径向跳动一般不超过5/100mm	径向千分表	2
	轴　套	表面的磨损小于1~1.5mm	径向千分表	2
	轴　承	黄油更换一般一年一次，检查轴承状况，必要时更换	看、听	2
	皮带轮	无磨损和变形	看	2
地　脚	螺　栓	紧固无松脱	摸、看	2

2.2.5　设备维护标准

（1）检查填料室的泄漏是否稳定、适量，填料室不能过热。

（2）检查轴承温度，若温度超标，必须停下泵浦进行检查。

（3）检查密封水流量，并适当调节。

（4）注意噪声、振动、真空度和电动机电流。

2.2.6　设备完好标准

（1）基础、轴承座坚固完整，连接牢固，无松动断裂、腐蚀、脱落现象，机座倾斜小于0.1mm/m。

（2）整机整洁，无积灰、无积料，设备本体见本色，仪表指示清晰。

（3）各零部件完整、没有损坏，各部件调整、紧固良好；仪表和安全防护装置齐全，灵敏可靠；阀门、考克开闭灵活，工作可靠。

（4）润滑良好，油具齐全，油路畅通，油位、油温符合规定。

（5）无明显渗油和跑、冒、滴、漏现象，运转平稳，无杂音、振动和窜动。

（6）电动机及其他电气设施运行正常。

（7）设备运行负荷达到铭牌标定值或核定负荷。

第6节　现场应急处置

1　平盘停电应急处置

（1）主控室向调度室汇报情况，要求立即断料（蒸发洗水、分解料浆），并了解停电原因、停电范围、停电恢复时间等情况。同时，确认静电除尘器是否切断电源，如未切断应立即切断。

（2）安排岗位人员到料浆槽检查料浆槽的液位及设备状况，把料浆槽启动按钮转至"零"位同时切断主回路并挂牌，做好盘车和放料准备。

（3）料浆槽盘车时，首先要把搅拌的现场启动开关打到"零"位并切断主回路电源。

（4）料浆槽搅拌的盘车可以通过电动机风叶进行，如需要拆卸电动机防护罩，操作人员必须穿戴好劳保用品。

（5）料浆槽的盘车人数为三人，两人盘搅拌轴，一人盘电动机风叶，实行轮流接力作业方式。

（6）盘车时应两脚站稳，两手分别抓住链钳用力，同时往一个方向使劲拉，不允许一只脚离开地面，以免突然摔伤。

（7）在料浆槽搅拌恢复送电后，必须在经调度室、主控室同意，且盘车人员停止作业摘牌并远离搅拌后方可启动搅拌。

（8）污水槽的应急措施参考料浆槽的措施。

2　汛期事故应急处置方案

（1）汛期事故小组全体成员要提高抢险意识，遇到汛期事故时主动进厂，做好汛期事故抢险工作。

（2）遇大雨、暴雨时，汛期事故小组人员应及时主动到位，随时准备进厂抢险。

（3）每到汛期时应在配电室、操作室堆放沙袋及隔板和软轴泵，以防水淹损失。

（4）特大雷雨天气，架设软轴泵防汛排洪，遇到困难时应及时向公司调度室汇报，请求支援，共同抢险。

（5）遇到突然停电，应及时向区域领导和公司调度室汇报，采取相应急救措施，计划停电应上报调度室。

（6）对事故中及抢险过程中发生的人员伤害，要积极组织抢救，按照单位《伤亡、伤害应急响应处置方案》的规定，及时送往医院救治。

（7）根据应急救援指挥部的命令，及时配送抢险救援物资。

（8）事后恢复：对事故发生后的现场要及时进行清理，使生产尽快恢复，把损失减到最小程度。对发生事故的区域要加强巡视，防患于未然。

3　槽子坍塌事故应急处置方案

（1）一旦发生槽子坍塌，现场人员应沉着、冷静，弄清楚事故场所，然后选择安全路线迅速撤离现场；并报告主控室和调度室，告知泄漏地点、事故程度，并告知自己的姓名及联系电话。

（2）主控室接到报告后，立即向区域负责人汇报，并及时将区域负责人的指令传达至应急相关成员，同时通知现场人员全部撤离。

（3）各岗位人员撤离到安全区域后，及时将自己所处位置及人员情况汇报当班主操，当班主操清点人数并开展自救。如果眼睛进碱，立即用流动的清水或硼酸水冲洗至少30min，事故严重的立即送医院就医。皮肤碱烧伤时，应尽快将污染衣服脱去，用清水和硼酸水清洗至少30min。禁止无关人员进入危险区域。

（4）区域负责人接到报告后，应迅速查明事故原因、部位和人员伤亡情况，下达按应急救援措施处置的指令，提出补救或抢险的具体措施，并向上级部门汇报。同时发出警报，通知现场迅速组织抢险队，并通知应急救援队迅速赶往事故现场，如果有人员受伤，立即对受伤人员采取相应的应急措施，对伤员进行清洗包扎或输氧急救，重伤人员及时送往医院抢救。

（5）在事故得到控制以后，利用污水泵及潜水泵将收集料浆返回流程重新使用，对于不能回收的部位，采取铲车翻挖并将受污染的土壤送往赤泥坝，然后重新回填，减少对环境的污染。

（6）抢险救援行动结束后，主控室根据调度指令组织恢复生产。

4　容器泄漏、管道泄漏事故应急处置方案

（1）发生泄漏事故时不要盲目着急，应急救援指挥部及现场作业人员要正确判断管道破裂、焊缝泄漏、打垫子等泄漏的方位和情况。

（2）根据不同的情况，主控室应尽快通知检修人员，采取有效的措施，正确控制现场情况，尽快使流程恢复正常。

（3）现场管道打垫子，经调度员现场确认或召集各区域人员确认管道归属，立即通知其停止此管道的物料输送，并通知相关区域用沙袋将物料围住，待其自然蒸发后将余料干法清理。

（4）如果必须停车处理，主控室应根据相关作业标准进行操作。力争将人员、生产、设备等各种损失减少到最低。

（5）如果现场料浆泄漏无法及时得到控制，应急救援队员或岗位人员应在确保人员安全的情况下，采取堆沙土等措施，防止泄漏料浆进入操作室、配电室、电缆沟等重要区域。

（6）料浆泄漏后在工作现场行走，必要时要用木棍探路，如果有泄漏区域淹没至胶鞋1/2 处，应穿防护服或雨裤，否则禁止进入现场。

（7）要保证岗位检修清理作业人员的人身安全，工作现场不要乱跑，要有序地撤到安全区域。

（8）如果发生碱烧伤，按照《伤亡、伤害事故的应急处置方案》进行处理。

（9）应急救援队伍成员救助现场伤员安全撤离现场，进行紧急救护后送医院处理治疗。

5　放射源事故应急处置方案

5.1　放射源泄漏应急处置方案

（1）计控专业人员检测到放射源泄漏时，要马上通知机动能源部。

（2）机动能源部马上通知公司主管领导。

（3）机动能源部负责人、区域安全员需立即与计控专业人员沟通，由计控专业技术人员确定安全范围，由区域安排划出安全区域，由计控人员设置警戒标志，防止人员进入。

（4）由计控人员对泄漏的放射源妥善进行处理。

（5）泄漏放射源处理完毕后，要及时撤除警戒标志及划出的安全区域，恢复现场正常状态。

（6）泄漏放射源处理完毕后，计控人员需对放射源泄漏的原因作出明确的分析结果。

5.2　辐射伤害事故应急救援处置方案

（1）发生辐射伤害时，应急救援队伍成员应首先封闭现场，设置警戒区域，禁止人员

随意出入，同时报告公司机动能源部、调度室、安环部等单位及相关人员。

（2）联系主控室，由计控专业人员及相关部门关闭或控制放射源。

（3）受到辐射伤害的人员立即由急救中心组织处理。

（4）由计控专业人员指挥清理现场，并对垃圾进行专业处理。

5.3　放射源丢失、被盗处置方案

（1）区域人员、计控专业人员检查发现放射源丢失，应立即通知公司机动能源部，由机动能源部通报安环部。

（2）区域及计控专业人员及时保护现场，严防人为破坏。

（3）区域、机动能源部主管人员协助有关部门查找线索，积极寻找丢失、被盗放射源，及时找回放射源。

（4）详细记录事故经过及处理情况，填写事故报告。

（5）按照规定对事故责任者进行考核。

第 6 章　平盘巡检岗位作业标准

第 1 节　岗位概述

1　工作任务

（1）控制与监测氢氧化铝滤饼的附碱、水分、浮游物及真空度等指标，保证平稳供料。

（2）执行点巡检制度，保证设备的正常运行。

（3）做好开、停车的检查确认及相关准备工作。

（4）维护好设备及现场的卫生。

（5）配合好主控室岗位做好指标及相关控制参数的调节工作。

2　工艺原理

参见本篇第 5 章第 1 节 2。

第 2 节　安全、职业健康、环境、消防

1　危险源辨识及控制措施（表6-1）

表 6-1　危险源及控制措施

序　号	危险危害因素	控制措施
1	湿手触摸电器插座、插头，私自接线导致人员触电	规范使用电源，接线、检查线路由电工等专业人员操作；配电室开关操作，电工须穿戴好防护用品
2	进入生产现场劳保用品穿戴不规范，造成人员伤害	正确穿戴劳动保护用品
3	现场点巡检时，走道盖板缺失、松动，人员坠落	确认盖板完好、牢固
4	现场作业时与泵出口、法兰接头过近，被碱液灼烫伤	戴好护目镜，正确操作阀门，保持安全距离
5	高空区域作业，无防范措施易坠落	佩带安全带；行立于安全平台
6	违章操作、与主控室下达指令不一致、信息反馈错误造成伤害事故	熟悉现场，严格按生产、装备、安全技术标准、规定指挥作业
7	现场存在粉尘、放射源物质，引发职业病	穿戴好防护用品，确保防护设施完好

序　号	危险危害因素	控 制 措 施
8	电离辐射引发职业病	除点巡检时段外远离辐射源
9	远程控制程序打到就地运行，控制联锁失效，导致设备、工艺发生安全事故	远程控制的设备禁止随意就地运行
10	戴手套操作设备旋转部件，发生机械伤害	严格遵守操作规程，操作旋转设备，禁止戴手套
11	皮带运转作业，导致夹伤	皮带运转时，禁止作业
12	现场硼酸水低于液位线以下未及时加满，发生碱灼伤得不到冲洗	保持硼酸水液位高于最低控制线以上
13	上下楼梯未扶好扶手，导致摔伤	上下楼梯扶好扶手
14	吊装作业下方无人监护，导致落物砸伤	吊装作业，必须上下有监护人，或拉好警戒线，挂牌提示
15	现场倒流程、清理槽罐时，确认失误，无人监督，发生安全事故	现场切换流程，清理槽罐，必须派专人监督，视情况开危险作业许可证方可施工
16	液位计损坏，导致冒槽伤人	加强点巡检，发现异常及时联系计控处理
17	旋转设备螺丝松动，飞出伤人	及时巡检，及时发现处理
18	安全拉绳失灵，无法停止皮带，造成安全事故发生	经常检查，确保灵活好用
19	电铃损坏，皮带运转前无提示，造成皮带伤人	经常检查，确保电铃好用
20	皮带安全护栏、护罩检修时挪开未及时恢复，导致皮带伤人	皮带安全护栏、护罩因检修挪开，检修完成必须及时恢复

2　安全须知

（1）凡进入区域的新员工、外培实习和新调人员，都必须接受入厂、区域、班组岗位三级安全教育，经考试合格后，方可上岗工作。

（2）严格遵守劳动纪律和各项规章制度，班前班中不准喝酒，禁止精神失常者上岗工作。

（3）工作前要穿戴好必要的劳动保护品，包括工作服、雨衣、酸衣、工作帽、披肩帽或安全帽、手套、绝缘手套或胶皮手套、劳保鞋、绝缘鞋或胶鞋、防护眼镜或面罩等，并做到"三紧"。

（4）工作期间不准穿拖鞋、凉鞋、高跟鞋、短裤或光膀子，女工留长发辫子的要系在工作帽内。

（5）工作时间严禁打闹斗殴、开玩笑、打盹睡岗、串岗、脱岗。严禁下棋、打牌、洗澡、到处乱跑等，严禁做与工作无关的私活。

（6）一切安全保险装置、防护设施、安全标志和警告牌不准任意拆卸和擅自挪动，必须挪开时，工作完后要立即恢复。

（7）严格遵守区域作业标准，做好本职工作，自己的岗位不经直接上级批准，不得私自交给他人看管，否则，发生的问题由本人负责。

（8）各处地沟、走台、溜槽和吊装口等处的盖板，必须盖好，不准挪用。

（9）皮带、皮带轮、齿轮、砂轮、联轴器等危险部位，都应有防护装置和安全罩。

（10）在雨雪冰冻、积水、碱液和油、酸处行走和工作时，应谨慎小心，以防滑倒伤人。

（11）上下楼梯、爬梯要手扶栏杆，在槽上工作人员不准靠栏杆休息、打闹和开玩笑，严禁往下乱扔东西，以免落物伤人。

（12）楼板、走台、槽顶等不得任意开口，必要时应设围栏和警示标志，用完立即恢复。

（13）打锤时，要首先检查锤头是否牢固，有无飞边毛刺，挥锤前要环视四周，两人以上打锤时，都要戴好安全帽，并不准对站对打。

（14）严禁用湿手触摸电气设备，身体不得接触设备的运转部位，设备周围严禁晾晒衣物、堆放杂物，保持环境清洁，通道顺畅。盘车时，禁止他人开车。

（15）凡停车 8h 的电气设备或不到 8h，但有打垫子或下雨等特殊情况，溅上水和料者，必须找电工测量绝缘，合格后方能开车。

（16）电气设备发生故障一律由电工处理，不准私自处理，以免触电伤人。

（17）使用手持电动工具时必须有可靠的接地措施，手持电动、风动工具各处接头要牢固、利落，严防挂拉开头伤人。使用中不得更换零件，用完要清洗加油。

（18）检修槽体、管道或设备时，要首先开具工作票并与有关岗位联系好，切断料源、气源、电源。在相关位置悬挂警示牌，放完存料，穿戴好劳保用品，必要时戴好眼镜，不要面对法兰，严防余料喷出伤人。

（19）拆装设备时不得用手指插入连接面深处探摸螺孔，事先要扶好吊牢，严防只有一个螺栓连接时，物件脱落伤人。

（20）进槽内工作时必须确认工作票的执行情况，挂上警告牌。有传动的设备要切断电源，外边要有专人监护，槽内要保持通风良好，温度降到 40℃ 以下，照明使用 12V 安全灯。

（21）槽上禁止往下扔东西，必要时要有专人看守，危险区要用警戒带（线）围起来，并挂上"危险"、"禁止通行"的警告牌。

（22）凡在两米以上高空作业禁止穿硬底鞋，并要有一定的安全措施，系好安全带，并拴在高处牢固的地方。

（23）禁止倚靠槽梯、操作台、吊装口栏杆，因检修或安装临时拆除的栏杆或过桥等安全措施，完工后必须恢复，否则不予验收和试车。

（24）对氧气瓶、乙炔瓶、油类、电石、木材、棉纱等易燃易爆品，应分别妥善保管，各仓库严禁烟火，并严格遵守相关仓库安全规定。

（25）岗位必须定置配备硼酸水和应急水源。

（26）对岗位所属设备要杜绝跑、冒、滴、漏现象，做到安全文明生产。

（27）清理人员加压酸时必须穿好防酸衣、防酸帽等保护用品，关键地方要有专人看守。现场必须具备应急水源和苏打水，工作中，如碱水冲溅到皮肤和眼睛上，要及时用清水或硼酸水冲洗，必要时迅速送到医院治疗。

（28）用碱液冲洗管道、溢流管道时，除通知岗位人员不准送料外，应派专人监护，防止误开泵伤人，碱洗平盘盘面时应戴防护眼镜，现场保证足量的硼酸水，确保洗眼器好用。

3　环境因素识别及控制措施（表6-2）

表6-2　环境因素及控制措施

序　号	环　境　因　素	控　制　措　施
1	电能、润滑油能源消耗	提高效率，标准化作业
2	生活垃圾、废旧盘根、垫子、保温材料污染环境	分类收集、集中处理
3	废油、破布、废电池污染环境	分类收集、集中处理
4	热水及料浆、热AH、OA向大气排放蒸汽或热量	对槽子、管道及输送设备进行封闭或保温处理
5	运行记录使用纸、笔，消耗材料	节约资源
6	真空泵向大气排放热气、水	控制好进出水，出水集中收集回用
7	放射源密度计向外界释放能量	加强防护、维护，做好点检记录
8	清理槽罐、管道产生结疤，乱丢污染环境	回收至前流程使用
9	炮碱，污染综合循环水	加强点巡检，控制好整个系统
10	真空泵噪声污染	点巡检、作业时戴好耳塞

4　消防

参见本篇第5章第2节4。

第3节　作业标准

1　平盘巡检岗位作业规程

1.1　开车前的检查

（1）检查各润滑点油量是否充足；检查所属设备管道阀门是否具备开车条件。

（2）检查皮带上有无杂物，下料口是否畅通，各卸料器是否打在正确的位置。

（3）检查盘面螺旋是否有杂物，滤布是否良好，压条深度是否合适。

（4）检查各泵及减速机地脚和基础是否良好，手动盘车是否灵活。

（5）检查各传动系统及各润滑点是否正常，机封水是否正常供应。

（6）检查管路是否畅通，阀门考克是否在正确位置，管道流程是否正确。

（7）通知电工检查电动机的绝缘情况，无问题后送电，将远程启动的设备打在远程位置上。

（8）检查完毕后，具备开车条件时通知主控室。

1.2　开车

（1）主控室启动热水泵后，打开各洗液槽补水阀门，对各洗液槽补水至半槽，补水完毕后关闭阀门，并通知主控室。

（2）打开真空泵工作液阀门并按要求开启真空泵，有真空时关闭旁通阀。

（3）开启 AH 输送系统，并倒好卸料器。

（4）通知主操启动平盘过滤机，调整转速 1′/周。

（5）按主控室要求依次做好料浆泵、二次洗液泵、一次洗液泵、母液泵的启动工作。

（6）启动空压机或者打开全厂工艺风阀门并打开风包上的反吹风阀门，根据盘面情况调节压力至 0.01~0.04MPa，注意开阀门时不要用力过猛或开太大。

（7）开车工作完毕后，将盘面运行情况及现场各设备的运行情况汇报主控，并做好记录。

1.3　运行中检查与操作

（1）按时点巡检设备：检查轴承温升、动静盘密封情况，检查电动机温升及电流波动情况，检查压力表压力是否稳定。

（2）根据盘面情况调整盘体转速及反吹风压力。

（3）认真填写原始记录，经常保持设备机体清洁，无跑冒滴漏现象；检查各管道阀门是否畅通、密封点是否泄漏，并及时处理。

（4）检查设备电流是否有异常，运转有无杂音和异常升温。

（5）检查各设备的机封水、冷却水供应是否正常。

（6）根据生产情况调节真空度和各泵阀门开度。

（7）盘面上滤布有破洞及时进行修补。

（8）认真填写原始记录，及时清扫区域内设备环境卫生。

1.4　停车

（1）洗液管道见清水时，通知主控室停料浆泵、洗水泵、弱液泵。

（2）接停车通知后，关闭料浆槽出口阀门，用清水冲刷管道，见清水时停料浆泵，打开放料考克，放净积水。

（3）清理盘面残余滤饼，用热水将螺旋滤布冲洗干净。

（4）二次洗液槽、一次洗液槽、母液槽打空后停泵，打开放料考克，放净滤液，关闭各洗液泵的阀门及机封水。

（5）关反吹风阀门，停平盘过滤机。

（6）停洗水泵，关闭进口阀门，打开放料考克放净积水。

（7）停双向皮带。

（8）按要求停真空泵。

（9）检查各泵、管道、阀门及槽内的料是否放净。

（10）通知主控室联系电工断电。

（11）停车后，维护好设备及现场卫生，并做好原始记录。

2　常见问题及处理办法

参见本篇第 5 章第 3 节 2。

3　设备常见故障及处理

3.1　真空泵（表6-3）

表6-3　真空泵故障原因及处理方法

序　号	故障现象	故　障　原　因	处　理　方　法
1	真空度不足	进水量过大	调节进水，保持适当水量
		进水停或进水量不足	联系送水，清理进水管或开大阀门
		进水温度高	降低进水温度
		叶轮堵、内部漏气	拆解修理
		盘根漏气	更换压紧盘根
		进气管空气泄漏	修补管路
		进气管不畅	检查阀门开度和过滤器阻塞
		主部件磨损或腐蚀	拆解修理或更换备品
		泵浦反转	改变电动机接线
2	不启动或启动困难	叶轮被外界物质黏结	拆解清理
		叶轮被锈蚀黏结	人工盘车或拆解清理
		填料太干、太紧	松开填料，注入润滑脂或更换填料
		启动水位过高	检查自动排水阀
		电气故障	检查并修理电路
3	电动机过载	封水流体过量	调节封水流体阀
		电流失效	检查因异常电压低落的过流
		电流表不准	检查并修理
		转动部件损坏或失效	拆解检查是因滑移面接触而使轴承损坏
		泵排口产生背压	检查阀开度和管线阻尼，解除背压
4	噪声振动	进水量过大	调节阀开度，保持适当水量
		吸压太低	可能产生气涡，解除吸压低落原因
		转动零件损坏或失效	拆解检查是否因滑移面接触而使轴承损坏，必要时修理或更换
		安装或配管不良	调查原因并改善
5	箱体过热	进水量不够	调节阀开度，保持适当水
		进水水温高	降低水温度
6	轴承过热	联轴器对心不良	联系检修校对
		泵组装不良	联系检修重组
		润滑不良，黄油过量或缺乏	调节黄油量
		黄油不纯净或有外界物质混入	联系检修拆解，清洗，并换油
		轴承损坏	联系检修拆解并更换

3.2　离心泵（表6-4）

表 6-4　离心泵故障现象及处理方法

序　号	故障现象	故　障　原　因	处　理　方　法
1	轴承发热	缺油、油变质	加适量油或换油
		转动部位装配不好，轴中心不正	检修处理
		轴承磨损	更换轴承
2	电动机、泵振动有响声	装配不好，中心不正，零件磨损严重	检查处理
		地脚螺栓松动	紧固地脚螺栓
		泵内有杂物	清理泵内杂物
		泵进料少	加大进料量
3	泵打不上料或料量小	槽（池）液位低或泵进出口管道堵塞	补液位或清理管道
		进料液固比太小（固含太高）	加大液相量或减少滤饼添加量
		叶轮磨损、脱落或堵塞	更换或清理叶轮
		进出口阀（包括槽出口阀）开度太小、堵塞或损坏	开大阀门，清理阀门或更换阀门
		进出口阀门改错	改正阀门
		盘根漏料严重	压紧或更换盘根
		放料阀未关严	关严放料阀
		泵的转向不对	联系电工处理
		电动机单相转速低	联系电工处理
4	水泵内部声音反常，水泵不吸水	进水阀门没有打开	打开进水阀门
		进水量太小	增加流量
		泵内有杂物	清除泵内杂物
		在吸水处有空气渗入	处理漏气点
5	泵跳停	机械电器故障	联系电工处理
		负荷过大	适当降低进料量
		泵内进入杂物	清理、检修
6	泵打垫子	进料阀门开得太大太猛	保护好电器设施，关闭进口阀门停泵放料，处理好后重新开车
		出口管堵塞或结疤严重	清理（洗）出口管
		出口阀门开得太小或阀板脱落	开大阀门，更换阀门

3.3　料浆搅拌（表6-5）

表 6-5　料浆搅拌故障原因及处理方法

序　号	故障现象	故　障　原　因	处　理　方　法
1	减速箱有异响，轴承发热	齿轮磨损	更换
		轴承磨损	更换
		缺油	加油
		油变质	清洗后换油

序　号	故障现象	故 障 原 因	处 理 方 法
2	搅拌振动	缺油	及时加油
		槽内掉进杂物	停车取出杂物
		搅拌大轴弯曲	停车检修
		安装不正	重新安装找正
		地脚螺栓松	紧固螺栓
3	搅拌跳闸	槽内掉入大块结疤	停车取出大块结疤
		电器出故障	联系电工检查处理
		负荷大	调整，减小负荷
4	突然停车	电器出故障	找电工处理
		负荷大	调整

3.4　料浆泵（表6-6）

表6-6　料浆泵故障原因及处理方法

序　号	故障现象	故 障 原 因	处 理 方 法
1	突然停电或停车	电源发生故障或开关有问题	立即切断电源并联系主控室开启备用设备
		短路接地	立即切断电源并联系主控室开启备用设备
		超过负荷	控制送料量减少负荷
		设备有问题	盘车并检查处理
2	打不上料或送料不足	转向错	检查转向，若转向反，通告电工换向
		管道堵	检查并清理管道
		叶轮内有杂物或磨损	卸开泵检查
		转速不够	检查电动机，应符合泵的规定转速
		管道或泵内有空气	排除空气
		阀门开度不够或阀门坏	检查或更换阀门
		料少打空泵	联系增加进料量或停泵
3	泵振动噪声大	对轮不正或垫圈坏	调整、更换
		地脚螺栓松动	紧固螺栓
		泵壳内有杂物	停车、取出杂物
		轴弯曲、轴承磨损过度	更换
		传动部分与静止部分有摩擦	找钳工处理
		料少或打空泵	开大进料阀门、适当关小泵出口阀门或停泵

序　号	故障现象	故 障 原 因	处 理 方 法
4	轴承过热	安装或检修不良	调整处理
		油量不足或过量	检查调整或更换油量
		油质不对或油中有杂质	更换新油
		轴承磨损或轴颈磨损	调整、更换
		油环不转	检查油环
5	填料泄漏大	中轴线不正	调整处理
		轴弯曲	调整处理
		轴与轴承磨损	调整处理
		填料安装不合适或已磨损严重	更换填料
		副叶轮不工作或磨损严重	调整或更换副叶轮
		流程不畅通	检查流程
6	机械密封漏水	机封、水封磨损、破损	停机检修，更换机封水封
7	机械密封漏料	泵轴承轴向间隙窜动过大	调整泵轴承轴向间隙
		泵轴承径向跳动过大，轴承磨损	停机检修，更换机封
		机封动、静密封面磨损	停机检修，更换机封
8	泵打垫子	进料考克开得过猛	用滤布或其他东西挡出料处以防危及人和电气设备，然后停车换垫子及其他磨损件
		受料岗位关闭考克	
		泵出口管道及垫子磨损	

3.5　水平盘式过滤机（平盘）（表6-7）

表6-7　水平盘式过滤机故障原因及处理方法

序　号	故障现象	故障原因	处理方法
1	电动机振动	联轴器不正	调整
		地角松动	紧固
		轴承损坏	检修更换
2	减速机发热	缺油或油时间较长变质	清洗更换油
		齿轮磨损严重	检修更换易损件
3	减速机振动	基础松动	紧固基础
		轴承坏	检修更换轴承
		齿轮坏	检修更换齿轮
4	平盘振动	挡料板变形	检查校正挡料板
		轴承坏	检查更换轴承
		齿轮损坏	检查齿轮，更换
5	平盘有响声尖叫	润滑不好	检查润滑泵
		轴承坏	检查更换轴承
6	螺旋振动	轴承损坏	检修更换轴承
		挡料板变形	校正挡料板

序　号	故障现象	故障原因	处理方法
7	润滑泵不供油	油管堵	疏通油管
		电动机烧损	更换电动机，检修更换
8	分配头振动	分配头的压紧弹簧螺栓松动	紧固螺丝，调整弹簧张力
		分配头动、静分配盘划伤	解体、修复，更换研磨分配盘

4　巡检路线

平盘→螺旋→空气贮槽→平盘传动系统→汽液分离器→第一弱滤液真空受液槽→第二弱滤液真空受液槽→强滤液真空受液槽→母液真空受液槽→料浆密度仪→平盘出料 AH 皮带→各离心泵→AH 料浆槽→AH 料浆槽搅拌→料浆泵→板式给料机→AH 输送皮带

5　平盘系统的工艺、设备联锁

5.1　平盘系统的联锁

（1）说明：

1）注解（代码的含义）：SA—安全联锁；OP—操作联锁；ST—启动联锁；PR—保护联锁。

2）所有的联锁必须是远程状态，联锁才起作用，就地状态联锁不起作用。

（2）平盘联锁条件：真空泵、空压机、平盘出料皮带（相对应平盘的设备）三者必须全部先启动（使用备用设备时必须将备用设备联锁选择投运到待启平盘），平盘才能启动；上述三者中任一设备停止，联锁平盘跳停；平盘跳停不联锁上述设备停车。

（3）料浆泵联锁条件：平盘启动后，料浆泵才能启动；平盘停，联锁料浆泵停车。

（4）母液泵、一次洗液泵、二次洗液泵、末次洗液泵联锁条件：对应各滤液槽液位低于低低报液位（0.3m）时对应的泵跳停，当液位没有低低报警值时复位后可正常启动。（此联锁可选择手动解锁或者联锁）

（5）污水槽联锁条件：当污水泵远程控制方式选择"自动"时根据液位高低自动启停；选择远程控制方式"手动"时液位联锁无效；远程"自动"方式启动时：液位高于1.5m 时污水泵自动启动，当液位低于 0.4m 时污水泵自动停止。

5.2　AH 输送系统联锁

（1）说明：

1）注解（代码的含义）：SA—安全联锁；OP—操作联锁；ST—启动联锁；PR—保护联锁。

2）所有的联锁必须是远程状态联锁才起作用，就地状态联锁不起作用。

（2）AH 输送系统分两段，F101A、F101B、1 号、2 号皮带机为一段，3 号、4 号、5 号、6 号、7 号、8 号、9 号为另外一段，两段皮带互不联锁。

（3）F101A/F101B 皮带联锁条件：启动 F101A/F101B 皮带时可以选择跟 1 号或者 2 号联锁，选择某条皮带联锁，先启动所选的联锁皮带，再启动 F101A/F101B 皮带；1 号、2 号皮带停车相对应联锁的 F101A/F101B 皮带停车。

（4）5 号皮带不启动，4 号皮带启动不了，5 号停车，4 号联锁停车。

（5）8 号皮带不启动，7 号皮带启动不了，7 号不启动，6 号启动不了；8 号停车，联锁 7 号停车，6 号停车；反向不联锁，比如：6 号停车，7 号、8 号不停车。

（6）4 号、8 号两者必须至少一条启动，3 号皮带才能启动；当 4 号、8 号皮带单启时，4 号单启，3 号皮带只能反转，8 号单启时，3 号只能正转；4 号、8 号两者都停车，3 号皮带联锁停车；二者有一条运行，3 号皮带不停车。（注：3 号皮带可正反转，正转去 8 号皮带，反转去 4 号皮带。）

（7）所有皮带上的三通分料阀、犁式卸料器、振动器、给料机没有联锁条件，均可单启单停。

第 4 节　质量技术标准

1　平盘巡检岗位质量技术标准

平盘母液浮游物：≤10.0g/L

平盘滤饼附液率：≤6%

平盘滤饼附碱（Na_2O_T）：≤0.06%

平盘滤饼中 AH 粒度（−44μm）：5%～8%

2　平盘巡检岗位工艺控制技术标准

真空度：0.04～0.07MPa

反吹风：0.01～0.03MPa

洗水温度：85～95℃

碱洗液碱浓度：280～320g/L

碱洗液碱温度：95～105℃

3　平盘巡检岗位经济技术标准

水耗：0.15～0.35t/t-AH

汽耗：≤0.02t/t-AH

第 5 节　设　　备

本节 1、2、2.1、2.2 参见本篇第 5 章第 5 节 1，2.1，2.2。

2.3　水环式真空泵使用维护标准

2.3.1　工作原理

从容器或设备中抽气，获取低于 0.1MPa 的设备为真空泵，其主要用于传输气体和蒸汽，真空泵叶轮偏心装在圆形的泵壳中，当叶轮旋转时，将事先灌入泵中的水抛到泵壳周围，形成一个水环，叶轮的叶片与水环之间的小室容积随叶片位置而改变，在扩大过程中形成真空，于是将气体从吸入孔吸入，在小室缩小过程中，气体受到压缩，由排出孔排出，即水环泵中液体随叶轮而旋转，小室容积呈周期性变化，水环泵就是靠这种容积变化来吸气和排气的。

2.3.2　设备的结构组成

水环式真空泵结构主要由泵壳、叶轮、端盖、吸入孔、排出孔、液环、工作室等组成。

2.3.3　设备润滑标准（表6-8）

表6-8　设备润滑标准

润滑部位	润滑方式	润滑油	周　　期
轴承	脂润滑	2号锂基脂	每班适当补充，一年检查一次，清除老化的润滑脂，更换新油

2.3.4　设备点检标准（表6-9）

表6-9　设备点检标准

项　目	内　容	标　准	方　法	周　期
电动机	电流	正常	看	2h
	温度	<60℃	摸、测	2h
	声音	无异音	听	2h
泵　体	填料室	盘根磨损一般不超过1mm，灯笼环阻塞	看	2h
	轴	径向跳动一般不超过5/100mm	径向千分表	拆检时
	轴套	表面的磨损小于1~1.5mm	径向千分表	拆检时
	轴承	黄油更换一般一年一次，检查轴承状况，必要时更换	看、听	2h
	皮带轮	无磨损和变形	看	2h
	地脚螺栓	紧固无松脱	摸、看	2h

2.3.5　设备维护标准

（1）检查填料室的泄漏是否稳定、适量，填料室不能过热。

（2）检查轴承温度，若温度超标，必须停下泵浦进行检查。

（3）检查密封水流量，并适当调节。

（4）注意噪声、振动、真空度和电动机电流。

2.3.6　设备完好标准

（1）基础、轴承座坚固完整，连接牢固，无松动断裂、腐蚀、脱落现象，机座倾斜小于0.1mm/m。

（2）整机整洁，无积灰、无积料，设备本体见本色，仪表指示清晰。

（3）各零部件完整、没有损坏，各部件调整、紧固良好；仪表和安全防护装置齐全，灵敏可靠；阀门、考克开闭灵活，工作可靠。

（4）润滑良好，油具齐全，油路畅通，油位、油温符合规定。

（5）无明显渗油和跑、冒、滴、漏现象，运转平稳，无杂音、振动和窜动。

（6）电动机及其他电气设施运行正常。

（7）设备运行负荷达到铭牌标定值或核定负荷。

2.4　离心泵使用维护标准

2.4.1　工作原理

当电动机带动转子高速旋转时，充满在泵体内的液体在离心力的作用下，从叶轮中心被抛向叶轮的边缘，在此过程中，液体就获得了能量，提高了静压能，同时增大了流速，一般可达 15～25m/s，即液体的动能也有所增加，液体离开叶轮进入泵壳。由于泵壳中流道逐渐加宽，故液体的流速逐渐降低，将一部分动能转变为静压能，使泵出口处液体的压强进一步提高，于是液体便以较高的压强，从泵的排出口进入排出管路，输送至所需场所。同时，由于液体从叶轮中心被抛向外缘，它的中心处就形成了低压区，而贮槽液面上的压强大于泵吸入口处的压强，在压强差的作用下，液体经吸入管路连续地被吸入泵内，以补充被排出液体的位置。当叶轮不断地旋转时，液体就能不断地从叶轮中心吸入，并以一定的压强不断排出。

2.4.2　设备的结构组成

电动机、轴承箱、机座、联轴器、叶轮、机械密封、密封圈、泵壳等。

2.4.3　设备润滑标准（表6-10）

表 6-10　设备润滑标准

给油脂部位	润滑方式	油脂名称	油量/mL	周　期	备　注
轴承体	手注	3 号钙基脂	20/40	4H	油脂润滑
轴承体	手注	N42（冬季）或 N46（夏季）	油标油线位置	适当补充	稀油润滑如稀释泵返料泵

2.4.4　设备点检标准（表6-11）

表 6-11　设备点检标准

点检项目	部　件	内　容	点检标准	点检方法	周期/h
泵　体	机械密封	是否泄漏	泄漏量 <4L/h	看	2
		冷却水	适　量	看	2
	轴承及对轮	温　度	夏季：<70℃ 冬季：<60℃	摸、测	2
		润　滑	油质、油量合格	看	2
		声　音	无异常	听	2
		振　动	无异常	看、摸、测	2
	紧固件	有无松动	无松动	测	2
	泵　壳	有无裂缝	无裂缝	看	2
		泄　漏	无泄漏	看	2
		振　动	无异常	摸	2
	叶　轮	声　音	无异常	听	2
		振　动	无异常	看	2
	地脚螺栓	紧　固	齐全、牢固	看、测	2
电动机	机　体	温升	夏季：<70℃ 冬季：<60℃	摸、测	2
		声　音	无异常	听	2
	控制箱	电　流	小于额定值，无波动	看	·2
法兰阀门			无漏料	看、听	2

2.4.5　设备维护标准

（1）启动前应检查泵轴转动是否灵活，叶轮与护板间是否有摩擦，叶轮与泵壳之间有无异物，还须检查轴承体润滑情况，脂润滑不得加脂过多，以免轴承发热。油润滑的油液面不得高于或低于油尺规定界限。

（2）泵必须在工况条件下运行，运行中应该掌握泵的运行情况，并对出口阀门作适当调节。运行中如发现不正常声音时，应检查原因，加以解决，轴承体的温度一般在 60℃ 左右，不得超过 75℃。开启前机械密封要通以冷却水，并控制水量，运转时，不允许使机封出现干磨现象。平时应经常检查润滑油情况，是否含水，起沫及有无异物，保持润滑油清洁，一个班至少加两次油，每 4h 一次，经常保持设备卫生。

（3）停泵后应排除泵内积料，以免杂质颗粒沉积堵泵，长期停用的泵应妥善保养，以免锈蚀。

（4）备用泵应每周转动 1/4 圈，以使轴承均匀地承受静载荷及外部振动。

（5）经常检查泵的紧固情况，连接应牢固可靠。

2.4.6　设备完好标准

（1）基础、轴承座坚固完整，连接牢固，无松动断裂、腐蚀、脱落现象，机座倾斜小于 0.1mm/m。

（2）整机整洁，无积灰、无积料，设备本体见本色，仪表指示清晰。

（3）各零部件完整、没有损坏，各部件调整、紧固良好；仪表和安全防护装置齐全，灵敏可靠；阀门、考克开闭灵活，工作可靠。

（4）润滑良好，油具齐全，油路畅通，油位、油温符合规定。

（5）无明显渗油和跑、冒、滴、漏现象，运转平稳，无杂音、振动和窜动。

（6）电动机及其他电气设施运行正常。

（7）设备运行负荷达到铭牌标定值或核定负荷。

第 6 节　现场应急处置

参见本篇第 5 章第 6 节。

第7章 焙烧炉主控室岗位作业标准

第1节 岗位概述

1 工作任务

（1）控制操作条件，稳定焙烧炉的热工制度，保证正常的下料量和氧化铝质量。

（2）平衡焙烧炉温度、煤气压力，保证气耗及灼碱达标。

（3）组织焙烧炉及氧化铝输送系统的开停车及应急处理工作，确保焙烧系统正常运行。

（4）做好对外的联系协调工作，确保AH供应及水气风电油品的正常供应。

2 工艺原理

来自过滤的合格AH经过焙烧炉的干燥段、焙烧段和冷却段使之烘干、脱水和晶型转变，而生产氧化铝产品。其化学变化可分为以下三个阶段。

第一阶段：脱除附着水

当温度高于100℃，AH中的附着水被蒸发：

$$Al(OH)_3 + H_2O(I) \xrightarrow{>100℃} Al(OH)_3 + H_2O(g) \uparrow$$

第二阶段：脱除结晶水

此阶段分两步进行，当加热到250～450℃时，先脱去两个分子的结晶水，生成一水软铝石，在500～560℃的温度下，再脱去一个分子的结晶水生成$\gamma\text{-}Al_2O_3$：

$$Al_2(OH)_3 \xrightarrow{250～450℃} Al_2O_3 \cdot H_2O \uparrow + 2H_2O(g)$$

$$Al_2O_3 \cdot H_2O \xrightarrow{500～560℃} \gamma\text{-}Al_2O_3 + H_2O(g) \uparrow$$

第三阶段：晶型转变

$\gamma\text{-}Al_2O_3$结晶不完善，分散度大，有较强的吸湿性，尚不能满足电解铝的要求，再继续提高温度到900℃以上时，$\gamma\text{-}Al_2O_3$开始向$\alpha\text{-}Al_2O_3$转变：

$$\gamma\text{-}Al_2O_3 \xrightarrow{900℃} \alpha\text{-}Al_2O_3$$

3 工艺流程

3.1 焙烧炉工艺流程概述

含附着水约8%、温度约50℃的湿氢氧化铝由胶带输送机送入氢氧化铝仓。再经50m³氢氧化铝小仓底电子皮带秤计量输送，进入螺旋给料机，喂入文丘里干燥器（A02）。进入文丘里干燥器的湿氢氧化铝被来自预热旋风筒（P02）提供的约340℃的热气吹散，并迅速干燥，氢氧化铝颗粒和含水蒸气的混合气体（约150℃）经烟道进入旋风分离器（P01）进行气固分离，分离后的烟气经净化系统除尘后（含尘量（标态）不高于50mg/m³）通过风机外排，分离后的氢氧化铝与高温旋风筒（P03）出来的约1000℃的热气充分混合、预热，进入预热旋风筒（P02）进行气固分离，气体由P02下降烟道导入文丘里干燥器对入炉湿氢氧化铝进行干燥，从预热旋风筒（P02）分离出来的物料，经 P02 下降管沿着 P04 斜壁进入焙烧炉主炉（P04）进行焙烧。冷却旋风器组将预热至 700～900℃的助燃空气从 P04 底部导入炉内，空气入口处的流速足以保证颗粒物料在焙烧炉整个断面上处于悬浮状态，作为燃料的煤气从 P04 底部侧面的 12 支烧嘴进入焙烧炉内燃烧，空气使物料悬浮及氢氧化铝的焙烧几乎是在同一瞬间发生，颗粒在炉子底部处于紊流状态，而在其他部位则处于单向流状态，物料在 1000～1150℃的温度下，只在炉内停留几秒钟时间就被高温气体从下而上带出主炉，进入紧连的高温旋风分离器（P03）进行气固分离。热气体进入预热旋风筒（P02），从高温旋风分离器（P03）分离出来的氧化铝依次进入一段自上而下、顺级配置的四级旋风冷却系统 C01、C02、C03、C04，由 C04 锥部排出的温度约为 250℃的氧化铝再进入流化床冷却器 K01、K02，被逆向流动的水流间接冷却至 80℃以下，通过气力提升泵、风动溜槽送至氧化铝仓。

3.2　工艺流程图

焙烧炉工艺流程见图 7-1。

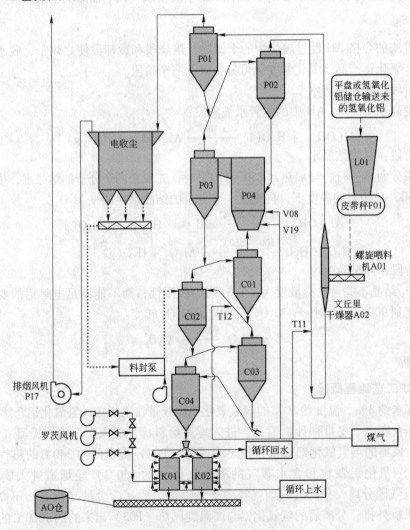

图 7-1　焙烧炉工艺流程

第 2 节　安全、职业健康、环境、消防

参见本篇第 5 章第 2 节。

第 3 节　作 业 标 准

1　焙烧炉主控室岗位作业操作规程

1.1　焙烧系统开车程序

1.1.1　开车前的准备工作

（1）联系调度确保燃气正常供应，压力流量符合要求。

（2）检查确认 AH 小仓有 40% 左右的氢氧化铝。

（3）检查所有设备的润滑是否符合要求，并确认所有的设备是否具备开车条件。

（4）用链球检查各旋风筒下料管是否畅通，对不畅通下料管进行清理。

（5）检查所有的煤气管道、阀门是否泄漏，所有的检查孔、人孔门、清理孔是否关闭、无漏风现象。

（6）检查所有的自控系统、仪器、仪表及计量装置是否经过校验，所有的电器设备绝缘是否良好。

（7）检查所有用水点供水是否正常。

（8）检查确认轻油站系统是否具备供油条件，管路是否畅通。

（9）ID 风机百叶风门应处于关闭状态。

（10）从计算机上再次确认现场检查各项目具备启动条件。

（11）将确认结果进行记录。

1.1.2　系统冷启动开车

焙烧炉经过较长时间停车，炉内温度与外界温度大致相同，此时炉子启动为冷启动，启动步骤如下。

（1）检查百叶风门确实被完全关闭后，以最低转速 10% 启动 ID 风机。

（2）经调度室同意后，运行启动燃烧器 T12。

（3）启动燃烧器引燃后，开始按照预热升温曲线进行升温。升温以 CO2T1 为基准，升温速率为 50℃/h。

（4）CO2T1 温度升高至 550℃时，启动辅助燃烧器 V08，按照升温曲线将 P04T2 升至 600℃以上。

（5）当 P04T1 温度大于 400℃时，启动主燃烧器，点燃一只烧嘴，此时改为以 P04T1 为升温基准，升温速率为 50℃/h。

（6）监视 P02T3，使其温度在整个升温过程中始终低于 375℃，通过调节冷风系统控制其温度，必要时可启动喷水系统进行降温。

（7）按照升温曲线将 P04T1 升高至 900℃，至此预热工作完成，开始带料烘炉逐步正常下料。

（8）启动流化床的流化风机（罗茨风机），检查流化床冷却器风压在 0.01～0.02MPa 之间，风量在 30m³/h 左右。

（9）联系焙烧循环水给流化床供水，并检查每台流化床水量达到 80m³/h 左右。

（10）启动氧化铝输送系统。

（11）将百叶风门全部打开后，逐步增加 ID 风机的转速，使 P01P1 提高到下料时的压力水平（3～4kPa）。

（12）启动喂料系统，通过申克皮带秤控制下料量，带料烘炉下料量为正常下料量的 30%，约 25～30t/h。

（13）增加主燃烧器的投入，直到所有的烧嘴全部点燃，在点燃烧嘴时应该注意逐步关闭放散阀，以保持煤气压力在 250kPa 以上，并逐步对应开启烧嘴（如：1 号-7 号、2 号-8 号、3 号-9 号等）。

（14）逐步提高焙烧炉的进风量，增加氢氧化铝下料量，控制 P04T1 稳定升至 1080℃ 左右，下料量达到 80～100t/h。

（15）在整个过程中，必须密切关注 CO、O_2 含量，在未达到正常下料量前 O_2 含量保持在 6%～10%，生产正常后将 O_2 含量控制在 2%～5%。

（16）当 CO、O_2 含量稳定后启动返灰系统及电收尘，至此整个升温下料过程完成。

1.1.3　系统热启动开车

因某种原因造成焙烧炉临时停车，炉内温度仍较高，其升温不一定遵循升温曲线，温度可根据生产需要较大幅度提高，在较短的时间内恢复生产，叫热启动，启动步骤如下。

（1）启动排风机（如风机已停）。

（2）如 P04T3 温度低于 400℃，应首先联系调度室做 T12 防爆试验，合格后启动 T12，使 CO2 的温度以 100℃/h 的速度提高。

（3）提前联系煤气供应方做 V08 煤气防爆试验，合格后准备启动 V08。

（4）启动 V08 后，联系供气方准备启动 V19，如果启动失败，炉子空气净化 10～15min，适当提高系统负压，同时观察 CO、O_2 含量，再次启动 V19。

（5）启动 V19（先开一支烧嘴），PO4 的温度控制在 100℃/h 升温，当主炉温度升至 900℃ 即可进行投料。

（6）投料前应启动氧化铝输送系统。

（7）启动沸腾流化床冷却系统。

（8）检查流化风是否已达到正常值，风压是否达到要求。

（9）缓慢打开排风机风门，以适当的速度提高排风机的转速。

（10）开始供料（应提前联系氢氧化铝皮带供料），启动给料螺旋及申克皮带秤，以 30% 的下料量进行投料。

（11）密切监视废气中 CO 含量及 O_2 含量，调节排风机风量，以使 CO 含量在 0%、O_2 含量保持在 4%～20%，并及时提高风量。

（12）根据情况及时调整煤气量和排风量（风机调速），逐步提高下料量，当主炉温度稳定后即可停 T12。

（13）稳定地提高 V19 煤气量、排风量及下料量使炉温稳定在正常水平，下料正常后，观察废气中 CO、O_2 含量，如达到正常要求，即可启动电收尘及返灰系统。

（14）以上投料步骤进行完毕，生产恢复正常，认真做好记录，并向调度室汇报。

1.2　焙烧系统停车程序

1.2.1　计划停车

（1）接到停车指令后停止 AH 供料系统向焙烧炉供料，拉低小料仓的料位。

（2）联系调度减小煤气供应量，减小 V19 燃气量、减小下料量，防止 PO4T1 高报，同时注意煤气压力高报或低报，高报时可打开煤气管道放散进行调整，逐步关闭 V19 烧嘴。

（3）停止 T11（如果运行的话），关闭附属风机。

（4）等小料仓拉空后，停止 V19，停 V08，停电收尘，关闭煤气手动阀。

（5）将 ID 风机速度减到最低速度 10%。

（6）排空料封泵内物料后关闭返灰系统。

（7）关闭 ID 风机风门，停 ID 风机，让炉体自然冷却。

（8）待流化床内物料排尽后，关闭流化风机。

（9）当冷却器出水温度比进水温度只高 5℃左右时，可以停止冷却水供应。

（10）待氧化铝输送系统内的物料排空后，停止氧化铝输送系统。

（11）停止焙烧炉的一切运行设备，做好记录并汇报调度。

1.2.2　紧急停车

（1）汇报调度紧急停车，停 V19，关闭手动蝶阀，若煤气管道压力升高可打开管道放散阀。

（2）停喂料系统，同时停止往小料仓 L01 供料。

（3）停电收尘及返灰系统。

（4）将 ID 风机速度减至最低 10%，风门关闭后停止风机，待事故处理完毕后，按热启动步骤恢复生产。

2　常见问题及处理方法（表 7-1）

表 7-1　常见问题及处理方法

序号	故障名称	故障现象	处理方法
1	氧化铝输送故障	1）流化床冷却器停止卸料； 2）氧化铝输送风动溜槽停车； 3）申克皮带秤联锁停车	1）联系 AH 停料，关掉 T11（如运行的话）； 2）关闭燃气站 V19（或剩一支喷嘴）； 3）打开冷风挡板； 4）将变频调速器减至最低速度，关闭风门，处理完毕后，按照热启动步骤启动
2	GSC 旋风筒锥部堵塞事故	1）被堵塞部位以下旋风筒的温度下降很快，所测负压升高； 2）被堵塞旋风筒的负压降低，并触发报警	1）减少 Al（OH）₃ 下料量、V19 燃气量； 2）在堵塞部位插入高压风管，用风管将其疏通； 3）如出现顽固性堵塞，上述办法不能奏效时则需停止下料，关闭 V19，开始降温，降至合适的温度时疏通旋风筒锥部堵塞部分
3	流化冷却器堵塞或部分堵塞	1）冷却器出料温度降低，排料不畅，C04 压力波动； 2）流化床压力升高	1）减少（或停止）Al（OH）₃ 下料量，停 V19； 2）打开冷却器下部的清理检查孔，清理物料及脏料，用风管清理干净流化床上的脏物； 3）清理好流化床后装好检查孔

序号	故障名称	故障现象	处理方法
4	Al(OH)₃ 输送设备故障, 造成断料	1) 文丘里干燥器 AO2 温度高; 2) PO2、PO1 压力相继升高; 3) GSC 整个系统负压变化大	1) 关闭燃气站 V19 和 T11; 2) 打开冷风挡板; 3) 关闭排风机风门, 速度减至最低; 4) 停电收尘及返粉尘系统; 5) 如故障在较短时间内可以处理好, 排风机不需要停; 如长时间不能排除故障可停机呈保温状态; 故障排除后, 根据停车时间长短, 按热启动或冷启动步骤恢复生产
5	V19 燃气供给故障	1) 主炉温度及系统温度降低; 2) V19 燃气量减小, 废气中氧含量增高; 3) 燃气气压降至极限以下, 触发报警	1) 停止 Al(OH)₃ 下料; 2) 将变频调速器减到最低速度; 3) 待故障处理后可恢复正常生产
6	燃料燃烧不完全故障	1) 主炉温度及炉体温度降低; 2) 增加燃气量温度上升不明显; 3) 现场看火孔观察火焰发暗, 不明亮, 呈黄色 (正常淡蓝色); 4) 废气中 CO 含量升高 (或导致 ESP 停车)	1) 减少 V19 燃气量, 还可减少 Al(OH)₃ 下料量; 2) 增加风机排风量, 加大风机速度; 3) 检查一次空气压力及排风机; 4) 检查 V19 的每个燃烧器的供气流量是否一致, 并调节流量至适当位置
7	沸腾流化床 供水不足, 断水, 流化风供给故障	1) 在操作站画面上及现场可见流量降低; 2) 出料温度升高; 3) 冷却器上水压力降低, 甚至在冷却器内暴沸	1) 减少 Al(OH)₃ 下料量直至停料; 2) 减小 V19 燃气量直至关闭; 3) 减小排风机排风量, 供水恢复后可正常生产
8	压缩空气供给故障	1) 在操作上可知 V19 灭火, 炉体温度下降; 2) Al(OH)₃ 供料系统终止; 3) 压缩空气压力降到最低线以下, 现场控制阀关闭 (如 T11, T12, V08 在使用中, 火焰扫描器 UV 室前球阀自动关闭, 全部灭火)	1) 联系停止供料; 2) 将风机减至最低速度, 关闭风门; 3) GSC 系统呈保温状态; 4) 压缩空气恢复后, 可恢复生产。 注: V19 可用一压缩空气贮气罐, 一旦压缩机出现故障, 风罐可维持供风一段时间
9	AH 输送皮带故障	1) 皮带压死、打滑; 2) 皮带机跳停; 3) 皮带跑偏	1) 更换主动轮或主动轮重新包胶; 调整张紧装置; 减小负荷; 2) 皮带主动滚筒、被动滚筒轴承死, 更换; 减速机故障, 逆止器卡死, 检查检修; 电气故障, 通知电工检查恢复; 下料量过大则减小负荷; 3) 调整主、被动滚筒; 调整下料位置; 调整或更换托轮; 皮带重新接头或更换皮带; 皮带支架不正时测量找正调整
10	斜槽堵塞造成堵料	1) 斜槽堵塞, 走料不畅通; 2) 斜槽风机压力过大	1) 检查风小原因, 堵住漏点; 2) 检查翻板位置, 核实仓位; 3) 打开人孔清理、检查; 4) 更换帆布
11	ESP 电收尘启动故障	1) 高压电送不上; 2) 送上高压电后, 电流、电压低	1) ESP 收尘仓内积料多, 灰尘返回系统不畅, 处理吹灰器系统; 2) 检查 ESP 的阴阳极振打运行是否正常; 3) 检查接地装置是否打到正确位置; 4) 检查极线极板

3 巡检路线

焙烧：排风机→流化床冷却机→罗茨风机→粉尘返回系统→电收尘振打→T11→C04→C03→申克皮带秤→AH 料仓→喂料输送系统→T12→C02→C01→V19→V08→文丘里干燥器上部伸缩节→P03→P04→P02→P01

4 焙烧系统的工艺、设备联锁

焙烧炉目前联锁条件说明：

(1) 注解（代码的含义）:SA—安全联锁；OP—操作联锁；ST—启动联锁；PR—保护联锁；

(2) 所有的联锁必须是远程状态联锁才起作用，就地状态联锁不起作用。

组 1　ID 风机联锁条件：

SA　风机温度（小于 105℃），振动正常

OP　电收尘进出口温度小于 350℃

ST　入口风门全关

PR

停止条件　①整流器停止；②喂料机 FS 停止

组 2　返灰风机联锁条件：

SA

OP　主控室允许启动

ST

PR

停止条件　对应电收尘区域的整流器和振打电动机停止

组 3　振打电动机联锁条件

SA

OP　①主控室允许启动；②对应的返灰风机运行

ST

PR

停止条件

组 4　整流器联锁条件

SA　①CO 分析仪系统正常；②CO 含量不报警；③对应区域拍打电动机运行；④ CO 含量 2s 内小于 0.06

OP　①ID 风机运行；②主控室允许启动

ST　CO 含量高报（小于 0.2% 为正常，0.2% ~ 0.6% 为高报，0.6% 为高高报）

PR

停止条件

组 5　加热器联锁条件

SA

OP

ST

PR

停止条件

组6　给料系统联锁条件

螺旋喂料机 FS

SA　冷却床水流量不低报

OP　①ID 风机运行；②流化床罗茨风机运行；③主燃烧器运行；④文丘里干燥器入口温度不低于300℃

ST

PR

停止条件

螺旋喂料机 WB 停止

称重皮带 WB

SA

OP　螺旋喂料机 SC 运行

ST

PR

停止条件

组7　文丘里燃烧器联锁条件

SA　①O_2 含量大于 0.5%，（低低报0.8），CO 含量小于 0.6；

②文丘里入口温度小于400℃；

③一级预热旋风器出口气体温度小于350℃，二级预热旋风器出口气体温度小于600℃（高报值500℃）

OP　ID 风机运行

ST

PR

停止条件

组8　启动燃烧器联锁条件

SA　① O_2 含量大于 0.5%，CO 含量小于 0.6%；

②一级预热旋风器出口气体温度小于350℃，二级预热旋风器出口气体温度小于600℃

OP　ID 风机运行

ST

PR

停止条件

组9　辅助燃烧器联锁条件

SA　① O_2 含量大于 0.5%，CO 含量小于 0.6%；

②一级预热旋风器出口气体温度小于350℃，二级预热旋风器出口气体温度小于600℃

OP　ID 风机运行

　　　　ST

　　　　PR

　　　　停止条件

　组 10　主燃烧器联锁条件

　　　　SA　① O_2 含量大于 0.5%，CO 含量小于 0.6%；

　　　　　　② 辅助燃烧器不运行时主炉进口温度大于 750℃，或者辅助燃烧器运行时主炉出口温度小于 1250℃，主炉进口温度大于 550℃（暂定 450℃）

　　　　OP　ID 风机运行

　　　　ST

　　　　PR

　　　　停止条件

　　　　550℃ 只是启动条件但不是保持 V19 的条件，只有 750℃ 是保持条件

　组 11　罗茨风机联锁条件

　　　　SA

　　　　OP　主控室允许启动

　　　　ST

　　　　PR

　　　　停止条件

　组 12　应急水泵联锁条件

　　　　自动启动：文丘里入口温度大于 375℃，水箱水位无低报；

　　　　自动停止：文丘里入口温度小于 350℃

第 4 节　质量技术标准

1　焙烧炉主控室岗位质量技术标准

　　焙烧系统所生产的 Al_2O_3 为一级品冶金砂状氧化铝，其质量符合 GB/T 24487—2009 标准中的 AO-1 牌号：化学成分如表 7-2 所示。

表 7-2　冶金级氧化铝质量标准（GB/T 24487—2009）

品　级	化学成分/%				
	Al_2O_3 含量（不小于）	SiO_2 含量（小于）	杂质含量(不大于)		
			Fe_2O_3	Na_2O	灼减
AO-1	98.6	0.02	0.02	0.50	1.0
AO-2	98.5	0.04	0.02	0.60	1.0
AO-3	98.4	0.06	0.03	0.70	1.0

注：1. Al_2O_3 含量为 100% 减去表中所列杂质总和的余量。

　　2. 表中化学成分按在（300 + 5）℃温度下烘干 2h 的干基计算。

2　焙烧炉主控室岗位工艺控制技术标准（表7-3）

表7-3　焙烧炉主控室工艺控制技术标准

序　号	名　　　称	正常值	报警1	报警2
温度/℃	焙烧炉 P04 温度	1000～1100	低报 750	高报 1250
	高温旋风筒 P03 温度	950～1100	低报 950	高报 1250
	预热旋风筒 P02 温度	330	低报 300 高报 400	低低报 280 高高报 450
	干燥旋风筒 P01 温度	150	高报 350	
	P04 入口烟气温度	824	低报 400	
	P02 出料温度	336	低报 250	高报 500
	P02 入口烟气温度	340	高报 650	高高报 750
	文丘里干燥器出口温度 A02	150	高报 200 低报 140	高高报 230 低低报 135
	C02 二级旋风冷却筒	630	高报 700	
	沸腾床冷却机入水温度	35	高报 45	
	沸腾床冷却机出水温度	55	高报 60	
	沸腾床冷却机出料温度	80	高报 90	
压力/kPa	电收尘出口压力	-8.0	高报 -9.0	
	一级预热旋风筒出口压力 P01	-6.1	高报 -8.0	
	一级旋风筒锥部压力 P01	-5.8	低报 -3.92	
	二级预热旋风筒锥部压力 P02	-3.9	低报 -1.47	
	高温分离旋风筒锥部压力 P03	-3.3	低报 -1.47	
	一级冷却旋风筒锥部压力 C01	-2.5	低报 -1.47	
	二级冷却旋风筒锥部压力 C02	-0.2 至 -1.3	低报 -0.2	
	三级冷却旋风筒锥部压力 C03	-1.7	低报 -0.49	
	四级冷却旋风筒锥部压力 C04	-0.8	低报 -0.10	
	沸腾床冷却机流化风进口压力	1.5	高报 0.18	
	文丘里 A02 上下	1.5		
	焙烧炉 P04 上下	1.0		

3　焙烧炉主控室岗位经济技术标准

电耗：38～42kW·h/t-AH

热耗（煤气热耗）：≤3350MJ/t-AO

第5节　设　备

1　设备、槽罐明细表（表7-4）

表7-4　设备、槽罐规格型号

序号	设 备 名 称	规 格 型 号	数量
1	CO 气体在线分析仪	$90g/m^3$，量程：$0\sim5vol\%$，仪表精度：$\leqslant1.0\%$ FS，误差：$\leqslant1\%$ FS，灵敏度：$\leqslant1\%$ FS	2
	O_2 分析仪	量程：$0\sim25\%$，仪表精度：$\leqslant1.0\%$ FS，误差：$\leqslant1\%$ FS，灵敏度：$<1\%$ FS	2
2	$50m^3$ 给料仓	$V=50m^3$	2
3	棒 阀	$900/1200\times2500$	2
4	1 号、2 号焙烧氢氧化铝输送机	$B=800$，$L_{水}=23004$，$L=55000$，$H=0$，$\alpha=0°$，$150t/h$，$1.25m/s$	2
	附：电动机	$N=11kW$	2
	附：减速机	$i=40$	2
5	定量给料机	$B=1400$，$Q=0.5\sim115t/h$，$L=5m$	2
	附：电动机	$N=7.5kW$，IP54	2
6	进料螺旋	$\phi560\times3150mm$，$Q=115t/h$，右旋	2
	附：电动机	$N=22kW$	2
7	气态悬浮式焙烧炉	$Q=1400t/d$	2
8	启动热发生器 T12	$Q=5520m^3/h$	2
	附：风机	$Q=6032\sim7500m^3/h$，$P=(74\sim76)\times10^2Pa$	2
	附：电动机	$N=22kW$，380V，IP54	2
9	干燥热发生器 T11	$Q=5520m^3/h$	2
	附：风机	$Q=6032\sim7500m^3/h$，$P=(74\sim76)\times10^2Pa$	2
	附：电动机	$N=22kW$，380V，IP54	2
10	主燃烧器 V19	$Q=2904\times12m^3/h$，$P=(5\sim6)\times10^2kPa$	2
11	点火燃烧器 V08	$Q=900m^3/h$，$P=25kPa$	2
	附：风机	$Q=1200m^3/h$，$P=50\times10^2Pa$	2
	附：电动机	$N=4kW$，380V	2
12	高压水泵	$Q=10m^3/h$，$H=500m$，$2900r/min$	2
	附：电动机	$N=55kW$，IP55，F	2
13	手动节流阀	HA-200	12
14	双室流态化冷却器	2×10 级，$Q=35t/h$，$T_{进口}=250℃$，换热面积 $200m^2$，$T_{出口}\leqslant80℃$，冷却水量 $120t/h$	4

序号	设 备 名 称	规 格 型 号	数量
15	罗茨鼓风机（冷却）	$Q=65.5\mathrm{m^3/min}$，$P=69.3\mathrm{kPa}$	6
	附：电动机	$N=55\mathrm{kW}$，380V，IP55，F	6
16	ID 风机	$Q=280000\mathrm{m^3/h}$，$P=11.22\mathrm{kPa}$	2
	附：电动机	$N=1400\mathrm{kW}$，690V，IP55，1450A，F	2
	百叶风门	$2360\times2360\times400$	2
	附：电动执行器	$N=0.3\mathrm{kW}$，220V	2
17	A04 电动放料阀	$\phi400$，0.1MPa，300℃	
	附：电动机	$N=2.2\mathrm{kW}$	
18	AO7 三通分料阀	DN400，0.1MPa，300℃	
	附：电动机	0.75kW	
19	静电收尘器	$Q=280000\mathrm{m^3/h}$，$P=-12\mathrm{kPa}$，小于 $50\mathrm{mg/m^3}$，总收尘面积 $8600\mathrm{m^2}$	2
	阳极振打电动机	$N=0.37\mathrm{kW}$	6
	阴极振打电动机	$N=0.37\mathrm{kW}$	12
	电加热器	$N=1.5\mathrm{kW}$，$U=380\mathrm{V}$	24
	电加热器	$N=1.5\mathrm{kW}$，$U=380\mathrm{V}$	12
	整流机组	交流输出电流（A）/直流输出电流（mA）325/1200/72kV	6
20	封料泵	$Q=20\mathrm{t/h}$，$H=28\mathrm{m}$，$0.04\sim0.1\mathrm{Pa}$	4
21	罗茨鼓风机（返灰）	$Q=44.6\mathrm{m^3/min}$，$P=49\mathrm{kPa}$	6
	附：电动机	$N=75\mathrm{kW}$，380V，IP55，F	6
22	气力提升泵	$Q=35\mathrm{t/h}$，$H=53\mathrm{m}$	4
23	罗茨风机	$Q=66.5\mathrm{m^3/min}$，$P=69.3\mathrm{kPa}$	6
	附：电动机	$N=132\mathrm{kW}$，380V，IP55，F	6
24	1 号、2 号空气输送斜槽	$B=400$，$\alpha=2°$，$Q=80\mathrm{t/h}$，$L=4.8\mathrm{m}$	4
	鼓风机	$Q=10\mathrm{m^3/min}$，$P=5740\mathrm{Pa}$	4
	附：电动机	$N=5.5\mathrm{kW}$	4
25	3 号、4 号空气输送斜槽	$B=400$，$\alpha=2°$，$Q=80\mathrm{t/h}$，$L=35.966\mathrm{m}$	4
	鼓风机	$Q=30\mathrm{m^3/min}$，$P=6709\mathrm{Pa}$	4
	附：电动机	$N=7.5\mathrm{kW}$	4
26	5 号、6 号空气输送斜槽	$B=400$，$\alpha=2°$，$Q=80\mathrm{t/h}$，$L=144.89\mathrm{m}$	2
	鼓风机	$Q=110\mathrm{m^3/min}$，$P=5086\mathrm{Pa}$	2
	附：电动机	$N=30\mathrm{kW}$	2
27	7 号、8 号空气输送斜槽	$B=400$，$\alpha=2°$，$Q=125\mathrm{t/h}$，$L=88.529\mathrm{m}$	2
	鼓风机	$Q=70\mathrm{m^3/min}$，$P=7218\mathrm{Pa}$	2
	附：电动机	$N=18.5\mathrm{kW}$	2

2　主要设备

2.1　焙烧炉使用维护标准

2.1.1　工作原理

气态悬浮式焙烧炉是以气体为动力，在负压气流吹动下，氢氧化铝自螺旋供料口进入炉体文丘里烟道、预热系统预热，再经过燃烧带在 1000～1150℃ 变成氧化铝，作短暂停留后冷却排走。冷空气经预热、燃烧与氢氧化铝热交换冷却后经电收尘器除尘后排空。

2.1.2　设备的结构组成（表7-5）

表 7-5　设备的结构组成

序　号	名　称	结　构　组　成
1	供料机构	氢氧化铝小仓、申克皮带秤、螺旋等部件
2	供风动力	负压风机，280000m³/h
3	氢氧化铝预热系统	文丘里干燥器：$\phi3000$、P01：$\phi3950$ P02：$\phi4800$、P04：$\phi5750$
4	燃烧站	V19，T11，T12，V08
5	保温区	P03（$\phi5700$）
6	空气冷却系统	C01（$\phi4200$）、C02（$\phi3450$）、C03（$\phi3000$）、C04（$\phi2250$）
7	水冷却系统	双室流态化冷却器2×10级
8	动力风系统	进风口、炉体、电收尘除尘、风门、风机、烟囱

2.1.3　设备点检标准（表7-6）

表 7-6　设备点检标准

点检人员	岗 位 巡 检 工
时　间	2h 一次
方　法	"视、听、触、摸、嗅"五感法、测温仪
点检内容及标准	1. 基础平整稳固，无裂纹、倾斜、腐蚀、剥落、变形、下沉现象
	2. 运转正常，零部件完整无缺，机体整洁，无积油、积料
	3. 温度正常，符合要求，出料≤80℃，炉子表体辐射温度≤400℃
	4. 密封良好，无明显渗油和跑、冒、滴、漏现象，尤其是无煤气泄漏
	5. 走料畅通无堵塞
	6. 振动正常，不过大，符合要求，无异常振动，各部位螺栓紧固无松动
	7. 计量仪表和安全防护装置齐全、灵敏、可靠
	8. 设备无腐蚀现象、保温保持良好

2.1.4　设备维护标准

（1）全面检查，不堵塞，不漏风、料、燃料，不烧红。

（2）辅机良好，不漏油；基础合格，磨损振动均在允许范围内。

（3）空气压缩系统良好，不漏风，操作灵敏可靠。

（4）供排料系统设备完好，运行良好。

（5）运转设备振动、温度符合要求。

（6）基础完好、牢固，无锈蚀、裂缝、塌陷。

（7）炉架不变形、不扭曲、不断焊、不锈蚀。

（8）筒道不变形、无裂缝，保温层不脱落。

（9）转动机构：转动灵活，不卡死，不锈蚀，不结疤。

（10）电动部位：电缆完好，不裸露，电器防雨、防灰。

（11）气动部位：不泄漏，控制灵活、可靠。

（12）燃烧系统：不泄漏，不堵塞，控制灵敏。

（13）进料系统：可靠，仪表显示准确，不泄漏、不结疤、不堵塞。

（14）内衬系统：不严重裂缝，不脱落。

（15）保温系统：不脱开，不掉片。

（16）煤气泄漏检查：充实完好，不泄漏，有指示牌，有测漏仪器。

（17）自控系统：接点牢固，线路完好，显示准确。

（18）照明：线路不裸露，照明齐全完好。

（19）计量仪表、安全防护装置：齐全、灵敏可靠。

2.1.5 设备完好标准

（1）基础完好，牢固，无锈蚀、裂缝、塌陷。

（2）炉架不变形、不扭曲、不断焊、不锈蚀。

（3）筒道不变形、无裂缝，保温层不脱落。

（4）焙烧炉不堵塞，不漏风、料、燃料，不烧红炉体。

（5）保温系统不脱开、不掉片。

（6）内衬系统无严重裂缝，不脱落。

（7）自控系统接点牢固，线路完好，显示准确。

（8）照明线路不裸露，照明齐全完好。

（9）各检查平台过道无脱焊、破损。

（10）计量仪表、安全防护装置齐全、灵敏可靠。

2.2 ID 风机使用维护标准

2.2.1 工作原理

ID 风机叶轮在机壳内高速旋转，将叶轮间的气体离心抛出，叶轮中心处产生负压，又将气体不断吸入，在叶轮的不断旋转下，气体不断地吸入排出，从而使炉体系统内产生负压而工作。

2.2.2 设备的结构组成

风机主要由机壳、叶轮转子、轴承座、电动风门、变频调速装置和电动机组成。

2.2.3 设备润滑标准（表 7-7）

表 7-7 设备润滑标准

润滑部位	润滑方式	润滑油型号	加油周期	加油量	换油周期	换油量	加换人员
风机轴承	油环润滑	46 号机械油	油位接近或低于油面镜 1/2 时加油	加至油面镜的 2/3	3 个月	废油全部清理干净后更换，加到油标的 2/3 处或上刻度线	操作工
风门轴承	手工加脂	3 号磺基脂	1 次/月	适量		轴承容积 2/3	操作工
电动机轴承	手工加脂	3 号磺基脂					电 工

2.2.4　设备点检标准（表7-8）

表7-8　设备点检标准

点检人员	岗　位　巡　检　工
时　间	2h 一次
方　法	"视、听、触、摸、嗅"五感法、测温仪
点检内容及标准	1. 基础平整稳固，无裂纹、倾斜、腐蚀、剥落、变形现象，地脚螺栓紧固
	2. 运转正常，零部件完整无缺，机体整洁，无积油、积料
	3. 声音正常，无杂音
	4. 无异味
	5. 温度正常，符合要求，无发热部位，风机轴承≤80℃，油冷却器进出口温差≥20℃，油温≤75℃
	6. 润滑良好，油质、油量符合要求
	7. 振动正常，不过大，符合要求，无异常振动，各部位螺栓紧固无松动
	8. 密封良好，无明显渗油和跑、冒、滴、漏现象
	9. 冷却器水压 0.15～0.25MPa
	10. 计量仪表和安全防护齐全、灵敏、可靠
	11. 设备无腐蚀现象
	12. 夜间照明完好

2.2.5　设备维护标准

（1）基础坚固完整，无裂纹、倾斜、松动、断裂、腐蚀、脱落等现象。

（2）零部件完整无缺，没有损坏，材质强度符合设计要求。

（3）轴、轴承、叶轮、机壳以及联轴器、风量调节器、变频调速装置、阀门等的安装调整磨损极限和密封性符合检修规程质量标准的规定。

（4）机体整洁，运转正常，无明显渗油和跑、冒、滴、漏现象。

（5）润滑良好，油号、油温、油量、油质符合规定。

（6）运转平稳，无异常振动，温度和振动不超过允许值。

（7）风量调节器阀门开闭调节灵活，工作可靠。

（8）电动机及其他电气设备运行正常，负荷不得过大，电流不能超标。

（9）计量仪表和安全防护装置齐全，动作准确，灵敏可靠。

（10）调节器阀门等开关指示方向、标志明确。

（11）开车前测电动机绝缘情况，并空车试转，检查润滑油量。

（12）在风机停车后，如遇到全面定期检修机会，就应对叶轮进行检查，清除叶轮上的灰尘和积污，否则会使叶轮失去平衡，从而引起振动。

2.2.6　设备完好标准

（1）基础坚固完整，无裂纹、倾斜、松动、断裂、腐蚀、脱落等现象。

（2）零部件完整无缺，没有损坏，材质强度符合设计要求。

（3）轴、轴承、叶轮、机壳以及联轴器、风量调节器、变频调速装置、阀门等的安装调整磨损极限和密封性符合检修规程质量标准的规定。

（4）机体整洁，运转正常，无明显渗油和跑、冒、滴、漏现象。

（5）计量仪表和安全防护装置齐全，动作准确，灵敏可靠。

2.3　电收尘使用维护标准

2.3.1　工作原理

电收尘器是利用高压静电作用来捕集气体中悬浮尘粒的一种收尘设备。当收尘室接入高压电后，收尘阳极带有正电荷，阴极带负电荷，在电极间产生强大的电场，此时两极开始相互吸引，负极导线放射出电子，电子向阳极放射，放射出的电子与空气冲击，使气体电离为阳离子，受电场作用就以极大的速度跑回与自己电荷相反的电极。气体中悬浮的尘粒受气体离子的作用亦带正或负电荷，分别被收尘阳极和阴极吸引，经振打后脱落，并汇集到下部集尘斗中，达到收尘目的。

2.3.2　设备的结构组成

静电除尘器主要由下列几部分组成：壳身、放电系统、集尘系统、振打系统、储尘系统、高压装置。

2.3.3　设备润滑标准（表7-9）

表7-9　设备润滑标准

润滑部位	润滑方式	润滑油型号	加油周期	加油量	换油周期	换油量	加换人员
减速机	油浴润滑	46号机械油	油位接近或低于油尺下刻度线	油位达到上刻度线			

2.3.4　设备点检标准（表7-10）

表7-10　设备点检标准

点检人员	岗 位 操 作 工
时　间	2h一次
方　法	"视、听、触、摸、嗅"五感法、测温仪
点检内容及标准	1. 基础平整稳固，无裂纹、倾斜、腐蚀、剥落、变形、下沉现象
	2. 振打运转正常，零部件完整无缺，机体整洁，无积油、积料
	3. 走料畅通无堵塞
	4. 振动正常，不过大，符合要求，无异常振动，各部位螺栓紧固无松动
	5. 温度正常，符合要求，无发热部位
	6. 润滑良好，油质、油量符合要求
	7. 设备无腐蚀现象
	8. 电流在额定值内

2.3.5　设备维护标准

2.3.5.1　启动前的检查维护

（1）检查石英管瓷联轴、电缆头是否清洁，是否破裂。

（2）收尘器内漏斗、烟囱内是否有积灰杂物，检修门是否关严。

（3）检查所有电器设备的绝缘情况。

（4）检查极板极线是否弯曲、断脱，位置是否正确。

（5）检查阴阳极振打传动机构是否灵活及振打锤是否有断缺，润滑状况是否良好。

（6）检查所有信号及仪表是否灵敏好用。

（7）检查整流变压器、接地线、高压转换开关、电缆头情况。

2.3.5.2　运行中检查维护

（1）基础稳固，无裂纹、腐蚀、油污。

（2）各零部件数量无一缺少。

（3）各零部件及主体结构完整，壳体无裂缝、不变形、无渗漏。

（4）振打系统轴承齿轮电动机联轴器安装配合要求。

（5）机体整洁，无明显跑、冒、滴、漏。

（6）运转正常，电流电压在正常范围内。

（7）仪器仪表和安全防护装置齐全，动作准确，灵敏可靠。

（8）检查高压整流变压器、电抗器温升是否正常，油温不得超过70℃，并无异常声响。

（9）检查各振打传动系统及电动机温升应正常，应无异常声响。

（10）检查变速箱润滑油位应正常，转动应无异常声响。

（11）检查返灰系统工作应正常，无积灰、堵塞现象。

（12）进口箱、出口箱的边接法兰和焊缝应紧密，无漏气现象。

（13）定期检查连接的密封度。

（14）检查壳体及所有人孔门的密封情况。

（15）检查加热系统是否动转正常。

（16）定期检查设备接地情况，确保接地电阻不超过3Ω。

（17）定期检查放电电极是否被火花腐蚀损坏。

2.3.5.3　停车后的维护

（1）检查整个壳体部分是否完好，有无裂缝。

（2）检查除尘仓功能是否正常，有结块应除去。

（3）检查收尘板悬吊装置是否完好。

（4）检查收尘器顶板是否漏水、漏气。

（5）检查绝缘体是否破碎，是否有残余漏电裂缝等。

（6）清除内外积尘，绝缘体发生倾斜应进行复位。

（7）检查加热系统是否运转正常，损坏的环形加热电阻丝必须更换。

（8）检查可动悬升摆臂的磨损程度，如有破坏应进行更换。

（9）校正放电电极导向相间距。

（10）检查放电电极是否完成垂直悬挂在收尘器中。

（11）检查所有的拉伸平衡，块位置是否准确移动，是否自由。

（12）检查放电电极是否有污染现象，如有严重的污染或烟尘结块，必须清除。

（13）检查放电电极振打系统的绝缘棒是否有裂缝和漏电现象。

（14）检查振打锤位置是否正确，振打齿轮轴的所有支承点、轴承、锤及夹持装置是否完好。

（15）检查收尘电极悬挂梁的平直度。

（16）检查各个固定点、支撑点的安装螺栓是否磨损，必要时进行更换。

（17）检查收尘电极导向装置是否完好。

（18）检查密封填料有无空气侵入，如有应更换密封填料。

（19）检查系统的接地装置是否完好。

（20）检查所有的支撑点、轴承、振打锤及所有运转部件是否完好。

（21）所有的高压携带设备都通过金属网加以防护，并挂上警告牌。

（22）高压柜应时刻关闭以防止灰尘的侵入。

（23）开关柜内部所有部件应按时清洗。

（24）高压输入绝缘装置每六个月应进行一次除尘处理。

（25）设备停车时，应检查衰减电阻是否完好。

（26）检查所有的螺栓连接的螺母是否紧固。

（27）检查接地多股绞合成是否牢固。

（28）定时检查密封电缆、终端的气密性。

（29）每年对高压整流变压器进行一次油的击穿耐压试验，每次瞬时击穿平均值应大于 $35kV/35mm$。

（30）检查高压倒换开关的接触是否良好，转动是否灵活。

（31）检查变压器是否漏油，一次、二次引线螺丝是否松动。

（32）每年测试一次硅整流元件，检查有否损坏和失效，检查系统电压和频率同额定数据是否一致，允许偏差 $\pm 5\%$。

2.3.6　设备完好标准

（1）基础稳固，无裂纹、下沉、倾斜、腐蚀。

（2）保温层完好无破损。

（3）各零部件没有损坏，不变形，材质、强度符合设计要求。

（4）电收尘器无漏风、漏料，顶部无漏雨。

（5）仪器、仪表和各安全防护装置齐全，灵敏可靠。

第6节　现场应急处置

1　火灾事故应急处置方案

1.1　报警

任何单位和个人发现火警时要迅速拨打火警电话"119"，并积极参加扑救，报警时要掌握三个环节：（1）说清起火的单位及地点。（2）起火部位、着火物资和火势大小。（3）报出自己的姓名及电话号码，报警之后应立即派专人到路口迎候消防车。

1.2　灭火

在消防车未到达火场之前，起火单位的领导和在场人员应抓住时机，组织义务消防队员，集中力量，迅速、果断地把火灾扑灭在初级阶段。要求做到及时组织扑救。义务消防队员一旦发现起火要积极参与和组织员工扑救火灾。

集中力量，控制火势。根据燃烧物质的性质、数量、火势蔓延方向、燃烧速度、可能燃烧的范围做出正确的判断，集中灭火力量在火势蔓延的主要方向进行扑救以控制火势蔓延。

积极抢救被困人员。组织强壮人员，并由熟悉情况的人员做向导，积极寻找和抢救被火势围困的人员。

1.3　疏散

（1）火场人员疏散。疏散时，如人员较多或能见度很差，应在熟悉疏散通道布置的人员带领下迅速撤离起火点。带领人可用绳子牵领，用"跟着我"的喊话或前后扯着衣襟的方法将人员撤至室外或安全地带。

（2）疏散物资。安排人力和设备，将受到火势威胁的物资疏散到安全地带，以减少火灾损失，阻止火势的蔓延。

（3）注意安全。在建筑物内部灭火，救人及破拆、疏散物资时，要特别注意安全，防止人员伤亡。

2　煤气事故应急处置方案

本区域焙烧炉共有两台，每台有启动燃烧站 T12，设计流量 $Q = 5520\text{m}^3/\text{h}$；干燥燃烧站 T11，设计流量 $Q = 5520\text{m}^3/\text{h}$；辅助燃烧站 V08，设计流量 $Q = 900\text{m}^3/\text{h}$；主燃烧站 12 只烧嘴，每支设计流量 $Q = 2904\text{m}^3/\text{h}$；设计流量两台共 $69700\text{m}^3/\text{h}$，还有煤气管道及金属软管等其他附件。煤气无色无味，易燃易爆，着火点 520℃ 左右，在正常生产过程中可能因操作不当造成煤气爆炸，或因煤气泄漏、放散造成煤气火灾，一般事故影响区域周边界区，重大事故影响厂区周边界区。

2.1　预测评估

根据区域生产工艺使用化学危险品的种类和危险性质、危险等级以及可能发生的事故特点，确定以下为危险目标：

1 号目标：焙烧炉主燃烧站和静电除尘器。

2 号目标：焙烧炉主管道及附件。

3 号目标：焙烧炉启动燃烧站。

4 号目标：焙烧炉放散管。

5 号目标：焙烧炉干燥燃烧站。

其中，2 号目标存在泄漏、爆炸、扩散污染空气等的可能。1 号、3 号、5 号目标为重点监测目标，操作不当可能发生泄漏、爆炸、污染空气危害性事故，4 号目标属于煤气放散区域，有发生煤气泄漏的隐患。

火灾事故特征、原因、后果及危险区域如表 7-11 所示。

表 7-11　火灾事故原因及危险区域

事故	事故特征	导致事故发生的原因	可能造成的事故后果	危险区域
一般事故	煤气泄漏	设备、管道、阀门等设施有缺陷	煤气浓度达一定时可能造成明火爆炸	燃烧站、焙烧炉周围 40m 范围内
重大事故	煤气爆炸、火灾	操作失误、违规检修和其他意外情况	人员受伤、生产中止	焙烧炉周围 60m 范围内

2.2　应急措施

煤气泄漏处置措施:

(1) 认真执行巡检制度, 煤气管道及附件发生泄漏, 应迅速、准确判断并及时采取应对措施, 防止事故扩大。

(2) 加强煤气设备、管道维护, 杜绝跑、冒、滴、漏现象。

(3) 煤气管开停气时要清扫, 保持畅通, 煤气水封不得抽空或漫溢。

(4) 备好各类堵漏材料, 保证及时处理。

(5) 有关场所应配置便携式和固定式报警仪。

(6) 岗位一旦发生煤气泄漏, 在岗操作人员首先要带上便携式煤气报警仪, 查找泄漏点。如果浓度超过规定值时, 必须立即撤出现场。

(7) 在确定泄漏点后, 汇报公司安环部、公司调度室、区域负责人, 如果是金属软管泄漏, 按安全操作规程, 立即关闭相应的阀门, 防止煤气大量泄漏。如果煤气总管、防爆装置、水封或其他设施要停产才能处理, 设置隔离区, 派专人监控, 等待处理。

(8) 岗位操作人员必须要有高度的责任感, 熟练迅速地处理泄漏事件, 防止泄漏扩大, 造成火灾、爆炸和人身伤害。

(9) 在处理煤气泄漏过程中要注意个人保护, 在有风的情况下, 尽量站在上风头。

(10) 发生大量煤气泄漏时, 应做好隔离工作, 清理现场无关人员, 携带分析仪对所有目标及电梯、周围40m范围定时巡视检测, 严禁明火。煤气放散时 (正常或异常) 禁止在八楼作业, 清理现场无关人员, 通知公司调度室、安环部对焙烧炉及周围40m范围定时巡视检测, 并向在危险范围内的单位发出预警信号。

2.3　煤气发生火灾应急处置方案

(1) 严禁正压煤气设备管道的跑冒滴漏; 严禁用铁器撞击煤气管道设备。

(2) 使用煤气区域电器、照明设备必须防火防爆, 设备绝缘值应符合要求。保管好防火用具, 不断提高消防意识, 熟练掌握各种灭火方法。

(3) 煤气管道着火, 应立即通知公司调度室、区域负责人, 煤气管道设施着火时, 严禁停车。

(4) 正压煤气管道若直径小于100mm, 可用阀门切断法, 或用管口堵死法灭火。

(5) 发生煤气火灾时, 岗位人员应迅速赶到, 先用灭火器灭火, 采取措施防止事故扩大化。

(6) 若发生较大的火灾事故, 灭火器无法扑灭或有人受伤时, 人员应撤离现场, 从楼梯撤离, 不能乘坐电梯撤离, 并等待救援。

2.4　煤气爆炸处置措施

(1) 认真巡检, 加强煤气设备、管道维护, 杜绝跑、冒、滴、漏现象。

(2) 煤气管道在停用、恢复时必须进行吹扫作业, 保持畅通, 煤气水封不得抽空或使煤气漫溢。进入生产现场应携带便携式煤气报警仪。

(3) 严格执行操作规程。在煤气管道、设施等处动火必须遵守有关规章制度。

(4) 若发生爆炸事故, 应及时报公司调度室、区域负责人, 按作业标准停炉, 等待救援处理。如果有人受伤按伤亡、伤害应急处置方案处理, 通知调度室启动厂级应急处置方案。

(5) 保护好现场，做好原始记录，等待救援。

3 焙烧炉停电事故应急处置方案

(1) 主控室向调度室汇报情况，安排焙烧岗位人员分别到区域所属煤气输送管道各点检查泄漏情况。

(2) 如压力过高应手动打开煤气放散阀进行降压，但严禁雷雨天打开放散阀。

(3) 检查设备状况和物料情况，把所属设备的启动开关全打到"零"位。

(4) 焙烧炉停炉处理，操作人员必须随身携带报警仪，并关闭煤气总阀门，适当打开煤气总管放散阀。

(5) 做好来电开车准备。

第8章　焙烧炉巡检岗位作业标准

第1节　岗位概述

1　工作任务

（1）执行点巡检制度，保证设备的正常运行。

（2）做好开、停车的检查确认及相关准备工作。

（3）维护好设备及现场的卫生。

（4）配合好主控室岗位做好指标及相关控制参数的调节工作。

（5）执行主控室下达的生产指令，处理各种突发事故。

2　工艺原理

参见本篇第7章第1节2。

3　工艺流程

参见本篇第3章第1节3。

第2节　安全、职业健康、环境、消防

1　危险源辨识及控制措施（表8-1）

表8-1　危险源及控制措施

序号	危险危害因素	控制措施
1	湿手触摸电器插座、插头，私自接线导致人员触电	规范使用电源，接线、检查线路由电工等专业人员操作；配电室开关操作，电工必须戴好劳保用品
2	进入生产现场劳保用品穿戴不规范，造成人员伤害	正确穿戴劳动保护用品
3	现场点巡检时，走道盖板缺失、松动，人员坠落	确认盖板完好、牢固
4	现场放料作业时，与放料口过近，被高温OA灼烫伤	戴好护目镜或面罩，正确操作阀门，保持安全距离
5	高空区域作业，无防范措施易坠落	佩戴安全带；行立于安全平台
6	违章操作、与主控室下达指令不一致、信息反馈错误，造成伤害事故	熟悉现场，严格按生产、装备、安全技术标准、规定指挥作业

续表 8-1

序号	危险危害因素	控制措施
7	现场存在粉尘、高温，引发职业病	穿戴好防护用品，确保防护设施完好
8	现场检查设备运行情况时，煤气管道泄漏，发生 CO 中毒	进入煤气使用区域应带上便携式 CO 分析仪
9	远程控制程序打到就地运行，控制联锁失效，导致设备、工艺安全事故发生	远程控制的设备禁止随意就地运行
10	戴手套操作设备旋转部件，发生机械伤害	严格遵守操作规程，操作旋转设备时，禁止戴手套
11	皮带运转作业，导致夹伤	皮带运转时禁止作业
12	电收尘高压伤人	进入电收尘内部，必须经专业电工确保接地，无电压后方可进入
13	上下楼梯未扶好扶手，导致摔伤	上下楼梯扶好扶手
14	吊装作业时下方无人监护，导致落物砸伤	吊装作业，必须上下有监护人，或拉好警戒线，挂牌提示
15	进入电收尘、旋风筒内部，造成受限空间窒息	进入受限空间内部之前，必须确保通风顺畅，做好监护工作
16	进入电收尘、旋风筒内部，造成高温伤害	进入电收尘、旋风筒内部时，必须确保先通风，温度降至40℃以下后方可进入，并做好监护工作
17	旋转设备螺丝松动，飞出伤人	及时巡检，及时发现处理
18	安全拉绳失灵，无法停止皮带，造成安全事故发生	经常检查，确保灵活好用
19	电铃损坏，皮带运转前无提示，造成皮带伤人	经常检查，确保电铃好用
20	皮带安全护栏、护罩检修被挪开，未及时恢复，导致皮带伤人	皮带安全护栏、护罩因检修挪开，检修完成必须及时恢复
21	检修煤气管道未使用防爆工器具，煤气使用区域使用非防爆照明引发爆炸	使用防爆工器具及灯具

2 安全须知

（1）凡进入区域的新员工、外培实习和新调入人员，都必须接受入厂、区域、班组岗位三级安全教育，经考试合格后，方可上岗工作。

（2）严格遵守劳动纪律和各项规章制度，班前、班中不准喝酒，禁止精神失常者上岗工作。

（3）工作前要穿戴好必要的劳动保护品，包括工作服、雨衣、酸衣、工作帽、披肩帽或安全帽、手套、绝缘手套或胶皮手套、劳保鞋、绝缘鞋或胶鞋、防护眼镜或面罩等，并做到"三紧"。

（4）工作期间不准穿拖鞋、凉鞋、高跟鞋、短裤或光膀子，女工留长发辫子的要系在工作帽内。

（5）工作时间严禁打闹斗殴、开玩笑、打盹睡岗、串岗、脱岗。严禁下棋、打牌、洗澡、到处乱跑等，严禁做与工作无关的私活。

（6）一切安全保险装置、防护设施、安全标志和警告牌不准任意拆卸和擅自挪动，必须挪开时，工作完后要立即恢复。

（7）严格遵守区域作业标准，做好本职工作，自己的岗位不经上级批准，不得私自交给他人看管，否则，发生的问题由本人负责。

（8）各处地沟、走台、溜槽和吊装口等处的盖板必须盖好，不准挪用。

（9）皮带、皮带轮、齿轮、砂轮、联轴器等危险部位，都应有防护装置和安全罩。

（10）在雨雪冰冻、积水、粉尘和油、酸处行走和工作时，应谨慎小心，以防滑倒伤人。

（11）上下楼梯、爬梯要手扶栏杆，在槽、旋风筒上的工作人员不准靠栏杆休息、打闹和开玩笑，严禁往下乱扔东西，以免落物伤人。

（12）楼板、走台、槽顶等不得任意开口，必要时应设围栏和警示标志，用完立即恢复。

（13）打锤时要首先检查锤头是否牢固，有无飞边毛刺，挥锤前要环视四周，两人以上打锤时，都要戴好安全帽，并不准对站对打。

（14）严禁用湿手触摸电气设备，身体不得接触设备的运转部位，设备周围严禁晾晒衣物、堆放杂物，要保持环境清洁，通道顺畅。盘车时，禁止他人开车。

（15）凡停车 8h 的电气设备或不到 8h，但有打垫子或下雨等特殊情况溅上水和料者，必须找电工测量绝缘情况，合格后方能开车。

（16）电气设备发生故障一律由电工处理，不准私自处理，以免触电伤人。

（17）使用手持电动工具时必须有可靠的接地措施，手持电动、风动工具各处接头要牢固、利落，严防挂拉开头伤人。使用中不得更换零件，用完要清洗加油。

（18）检修槽体、旋风筒、电收尘、管道或设备时，要首先开具工作票并与有关岗位联系好，切断料源、气源、电源，作业级别达到危险作业的，必须开危险作业许可证方可作业；并在相关位置悬挂警示牌，专人监护，放完存料、气，穿戴好劳保用品，必要时戴好眼镜、面罩。

（19）拆装设备时不得用手指插入连接面深处探摸螺孔，事先要扶好吊牢，严防只有一个螺栓连接时，物件脱落伤人。

（20）进电收尘、旋风筒内工作时，必须确认工作票的执行情况，挂上警告牌，并切断电源，电压接地，外边要有专人监护，内部要保持通风良好，温度降到40℃以下，照明使用 12V 安全灯。

（21）禁止往下扔东西，必要时要有专人看守，危险区要用警戒带（线）围起来，并挂上"危险"、"禁止通行"的警告牌。

（22）凡在两米以上高空作业禁止穿硬底鞋，并要有一定的安全措施，系好安全带，并栓在高处牢固的地方。

（23）禁止倚靠护栏、操作台、吊装口栏杆，因检修或安装临时拆除的栏杆或过桥等安全措施，完工后必须恢复，否则不予验收和试车。

（24）对氧气瓶、乙炔瓶、油类、木材、棉纱等易燃易爆品应分别妥善保管，各仓库严禁烟火，并严格遵守相关仓库安全规定。

（25）对岗位所属设备要杜绝跑、冒、滴、漏现象，做到安全文明生产。

（26）清理流化床管束时，必须穿好防酸衣、防酸帽等保护用品，关键地方要有专人看守。

3　环境因素识别及控制措施（表8-2）

表8-2　环境因素及控制措施

序号	环境因素	控制措施
1	电能、润滑油能源消耗	提高效率，标准化作业
2	生活垃圾、废旧盘根、垫子、保温材料污染环境	分类收集、集中处理
3	废油、破布、废电池污染环境	分类收集、集中处理
4	热 AH、OA 向大气排放蒸汽或热量	对皮带、管道及输送设备进行封闭或保温处理
5	运行记录使用纸、笔，消耗材料	节约资源
6	焙烧炉烟囱向大气排放热量	控制好出气温度，考虑余热回收利用
7	焙烧炉烟囱向大气排放热二氧化碳、氮气	余热回收利用，减少热量排放
8	清理内村、旋风筒产生结疤，乱丢污染环境	及时归类堆存或回收至前流程使用
9	循环水站消耗水资源	根据进入出水温度情况，冬天适当停下冷却塔，减少消耗
10	ID 风机、噪声污染	点巡检、作业时戴好耳塞

4　消防

参见本篇第 5 章第 2 节 4。

第 3 节　作业标准

1　焙烧炉巡检岗位作业规程

1.1　焙烧系统开停车程序

1.1.1　开车前的准备工作

（1）联系调度确保燃气正常供应，压力流量符合要求。

（2）检查确认 AH 小仓有 40% 左右的氢氧化铝。

（3）检查所有设备的润滑是否符合要求，并确认所有的设备是否具备开车条件。

（4）用链球检查各旋风筒下料管是否畅通，对不畅通下料管进行清理。

（5）检查所有的煤气管道、阀门是否泄漏，所有的检查孔、人孔门、清理孔是否关闭、无漏风现象。

（6）检查所有的自控系统、仪器、仪表及计量装置是否经过校验，所有的电器设备绝缘是否良好。

（7）检查所有用水点供水是否正常。

（8）检查确认轻油站系统是否具备供油条件，管路是否畅通。

（9）ID 风机百叶风门应处于关闭状态。

（10）从计算机上再次确认现场检查各项且具备启动条件。

（11）将确认结果进行记录。

1.1.2　开车步骤

（1）设备检查完毕后，各种辅助设施都已经具备运行条件。

（2）开车要听从主控室的指挥，开罗茨风机要打开排空阀，无负荷启动。

（3）料风泵的开车要保证返灰管道畅通，把吹嘴摇到"零"位，打开排空阀，开启风机，缓慢关闭排空阀，再缓慢调整吹嘴到合适的位置（35%）。

（4）接到主控室手动指令，运转设备盘车一周以上，依照主控室岗位设备开车步骤开车。

1.1.3　开车时应注意的事项

（1）手动开停车需和主控室联系好，得到同意后方可开车；发生异常情况应立即和主控室联系。

（2）开车后检查设备是否运转正常，和主控室联系看反馈信号是否正确。

1.1.4　计划停车

（1）接到停车指令后停止 AH 供料系统向焙烧炉供料，拉低小料仓的料位。

（2）联系调度减小煤气供应量，减小 V19 燃气量、减小下料量，防止 PO4T1 高报，同时注意煤气压力高报或低报，高报时可打开煤气管道放散进行调整，逐步关闭 V19 烧嘴。

（3）停止 T11（如果运行的话），关闭附属风机。

（4）等小料仓拉空后，停止 V19，停 V08，停电收尘，关闭煤气手动阀。

（5）将 ID 风机速度减到最低速度 10%。

（6）排空料封泵内物料后关闭返灰系统。

（7）关闭 ID 风机风门，停 ID 风机，让炉体自然冷却。

（8）待流化床内物料排尽后，关闭流化风机。

（9）当冷却器出水温度比进水温度只高 5℃左右时，可以停止冷却水供应。

（10）待氧化铝输送系统内的物料排空后，停止氧化铝输送系统。

（11）停止焙烧炉的一切运行设备，做好记录并汇报主控室。

1.1.5　紧急停车

（1）汇报主控室紧急停车，停 V19，关闭手动蝶阀，若煤气管道压力升高可打开管道放散阀。

（2）停喂料系统，同时停止往小料仓 L01 供料。

（3）停电收尘及返灰系统。

（4）将 ID 风机速度减至最低 10%，风门关闭后停止风机，待事故处理完毕后，按热启动步骤恢复生产。

1.2　开车后的正常操作

（1）根据工艺要求，由主控室控制各种指标，每小时检查一次设备，特殊情况增加巡检次数。

（2）按照巡回检查制度和润滑要求认真做好设备的维护与保养。

（3）按规定对各运转设备进行维护。

（4）T11、T12、V08、V19 四个燃烧器的供油、供风、供汽系统应管道畅通，阀门灵活好用，风机地脚紧固，燃烧器良好。

（5）旋风筒筒体外观无异常，无发红发热现象，若有异常情况，及时报告主控室和值班室。

（6）高压水泵喷水雾化装置无堵塞、泄漏现象。

（7）调整返风来调节提升泵的通过能力，调节五楼 P02 翻版阀的配重来适应下料量。

（8）按照巡回检查制度和润滑要求认真做好设备的维护与保养。

（9）按规定对各运转设备进行维护。

2　常见问题及处理方法

参见本篇第 7 章第 3 节 2。

3　设备常见故障及处理方法

3.1　风机（表 8-3）

表 8-3　风机常见故障及处理方法

序 号	故障现象	故 障 原 因	处 理 方 法
1	轴承过分振动	由于形成的积垢不均匀，脱落造成叶轮不平衡	清洁叶轮
		联轴器不同心	检查并重新找正
		压紧螺栓松动	紧固螺栓
		基础下沉	检查风机轴承和联轴器，进行调整找正
		轴弯曲	查明实际情况进行校正
		基础不稳定	加固
		轴承损坏	检查确定，因轴承问题需进行更换
2	轴承过热	润滑油不充分或油脏	检查油位或更换油
		轴承损坏	更换轴承
		密封摩擦	调整密封
3	机械噪声	叶轮和进风口顶部摩擦	检查径向间隙，对进风口进行调整，确保风机外壳和管道不承受外载荷
		叶轮与轴松动	检查螺栓、紧固
		轴承与轴衬摩擦	用塞尺检测此间隙，并做必要调整
		机壳里有异物	检查并予以清除
		联轴器柱销磨损或挡圈松动	更换柱销或紧固挡圈

序号	故障现象	故障原因	处理方法
4	风机不转	电气原因	检查调速连杆
		叶轮卡死	检查
5	气动噪声	连接螺栓松动	紧固螺栓
		密封坏	必要时更换

3.2　喂料螺旋（表8-4）

表8-4　喂料螺旋故障及处理方法

序　号	故障现象	故障原因	处理方法
1	刮　壳	轴承磨损严重塌架	停车更换
		螺旋轴弯曲	调整，严重时拆下
2	轴承温度过高	密封失效，粉尘进入	清洗密封加油
		轴承损坏	更换
		油量不足，油质不好	加油或换油
3	突然停车	电气原因	电气检修
		积料太多压死	清理积料
		大块杂物卡死	处理杂物
4	机体振动	地脚螺栓松脱	紧固螺栓
		轴弯曲严重	更换
		轴承损坏	更换
		叶片脱落	停车检修

3.3　电收尘（表8-5）

表8-5　电收尘故障及处理方法

序　号	故障现象	故障原因	处理方法
1	插上保险，盘上绿灯亮，按启动按钮开不起车	门开关接触不良	校正或更换
		线圈烧坏或停止按钮接触不良	更换线圈或校正继电器
		热继电器常闭节点断开或连接不良	检查校正接点
2	收尘器不能承受电压，并电时自动跳闸	极板变形变曲	大修更换
		阴极框架变形摆动	大修更换
		收尘温度降低	通知主控室调整
		石英管和瓷边轴积脏	清洗干净
		漏斗积灰太多	检查清理
3	二次电流小、电压低，有时开路	电晕极积灰太多振打失效	检查振打
		烟囱湿度大	调整处理
		负压太大	调整处理

序 号	故障现象	产 生 原 因	处 理 方 法
4	电压高、电流小	高压线路中断	检查线路
5	运行中一次电流过大	变压器有问题	检验调正
6	收尘器内部结块	顶板漏雨或水	进行密封
		振打系统出现故障	解除故障
7	放电电极有污染或烟尘结块	计时控制系统电流故障	解除故障
		振打间隔太长	调整振打时间
		露点降到允许值之下	进行加热处理
		外壳密封不严，雨水渗透	更换密封封件
8	连续跳闸数次而热继电器不动作	线圈的常闭接触点接触不良好	处理接点
		时间继电器额定电流太大，可变电阻R过大	校正继电器电流，调整变电阻
		热继电器电源线中断接点不灵活	换继电器

3.4 罗茨风机（表8-6）

表8-6 罗茨风机故障及处理方法

序 号	故障现象	产 生 原 因	处 理 方 法
1	系统负荷超载	管网阻塞	检查系统是否有堵塞现象，予以排除
		空气滤清器中滤料含尘量过大	清洗（反吹）和更换滤料
2	叶轮有摩擦碰撞现象	齿轮毂键松动，叶轮键松动	换键
		齿圈与齿轮毂配合松动	检查定位销及螺母是否松动
		齿轮毂孔与轴配合不良	检查配合面是否有碰伤现象
		叶轮间的间隙不均匀，超过允许值	检查轮毂孔和轴上的键槽是否有碰伤及毛刺，检查轴端圆螺母和止动垫圈的锁紧情况
		齿轮磨损，使啮合间隙超过允许值	重新调整，若调整后仍无法满足要求时应更换齿轮副
		主从轴弯曲变形	调直或更换新轴
		轴变磨损	更换新轴承
		机壳内混入异物或输送介质的结块	清除异物或结块
3	温度过高	齿轮副啮合不良或侧隙过小	调整齿轮副的啮合状况
		润滑油太脏	清洗润滑系统及轴承等，更新润滑油或重新过滤润滑油
		润滑油油温过高	检查油量是否正常
		系统阻力过大或进气温度过高	降低系统阻力、降低进气温度
4	振动加剧	叶轮平衡精度过低或精度被破坏	重新校正平衡
		地脚螺栓或其他紧固件松动	紧固各部位
		轴承磨损	更换轴承
		机组承受进气管道的重力和拉力	增加支撑，消除管道重力和拉力

4 巡检路线

焙烧：排风机→流化床冷却机→罗茨风机→粉尘返回系统→电收尘振打→T11→C04→C03→申克皮带秤→AH 料仓→喂料输送系统→T12→C02→C01→V19→V08→文丘里干燥器上部伸缩节→P03→P04→P02→P01

5 焙烧系统的工艺、设备联锁

参见本篇第 7 章第 3 节 4。

第 4 节 质量技术标准

参见本篇第 7 章第 4 节。

第 5 节 设 备

本节 1、2、2.1～2.3 参见本篇第 7 章第 5 节。

2.4 氧化铝溜槽使用维护标准

2.4.1 工作原理

氧化铝颗粒分布在透气布上，透气布下部为气室并由离心风机提供动力风，气体通过透气布向上吹动使氧化铝颗粒处于悬浮状态，溜槽本身有一定的坡度，氧化铝能沿小角度斜坡（7%）自动像水一样流动，溜槽就是利用这一原理输送氧化铝。

2.4.2 设备的结构组成

由风机、风机阀门、管道、压力平衡管、除尘器、各分控阀门、观察孔、气室、透气布、料室、进出料口等组成。

2.4.3 设备润滑标准（表8-7）

表 8-7 设备润滑标准

部件名称	润滑方式	油脂名称	加油		换油		加换人员	
			周期	量	周期	量	加	换
风机	手工加脂润滑	3 号锂基脂	周期	1/2 油枪	6 个月	轴承容积 2/3	操作	检修工
电动机	手工加脂	3 号锂基脂				轴承容积 2/3	电工	电工

2.4.4 设备点检标准（表8-8）

表 8-8 设备点检标准

人 员	岗 位 巡 检 工
时 间	2h 一次
方 法	"视、听、触、摸、嗅"五感法、测温仪
点检内容及标准	1. 基础平整稳固，无裂纹、倾斜、剥落、变形、下沉现象
	2. 运转正常，零部件完整无缺，机体整洁，无积油、积料

人　员	岗 位 巡 检 工
点检内容及标准	3. 声音正常，无杂音
	4. 无异味
	5. 风机轴承温度正常
	6. 管道不漏风，溜槽不漏料、漏风
	7. 走料正常，无堵塞
	8. 计量仪表和安全防护装置齐全、灵敏、可靠
	9. 设备无腐蚀现象，色彩保持良好
	10. 夜间照明完好

2.4.5　设备维护标准

（1）风机、叶轮、基础等完好。

（2）进风口、管道、气室不堵塞。

（3）料室不堵塞。

（4）下料口无杂物。

（5）透气布完好。

（6）无堵塞现象。

（7）风机运行正常。

（8）电动机声音、温度正常。

（9）系统不漏料、不漏风。

2.4.6　设备完好标准

（1）基础稳固，无下沉。

（2）溜槽无破碎、变形，密封严密，连接处严实，接头处无泄漏。

（3）风管无泄漏、堵塞，阀门完好无损。

（4）压力平衡管无堵塞，无损坏。

2.5　罗茨风机使用维护标准

2.5.1　工作原理

罗茨风机是一种容积式鼓风机，它由一个近似椭圆形的机壳与两块墙板包容成一个气缸（机壳上有进气口和出气口），一对彼此相互"啮合"的叶轮（因为有间隙，实际并不接触）通过定时齿轮以等速反向旋转，借助两叶轮的"啮合"使进气口与出气口相互隔开，在旋转过程中将气缸内的气体从进气口推移到出气口。两叶轮之间、叶轮与墙板之间以及叶轮与机壳之间均保持一定的间隙，以保证鼓风机的正常运转。间隙过大影响鼓风机效率；间隙过小影响鼓风机正常工作。

2.5.2　设备的结构组成

由电动机、机体、叶轮、齿轮副、机壳、辅机（消声器、逆止阀、底座、挠性接头、三通体、水冷系统、安全阀、滤清器等）、皮带等组成。

2.5.3　设备润滑标准（表8-9）

表8-9　设备润滑标准

设备名称	润滑部位	润滑方式	润滑油型号	加油周期	加油量	换油周期	换油量	加换人员
罗茨风机	风机	油浴润滑	220号机械油					操作工
	轴承	手工加脂	3号磺基脂	每天加一次	每星期1/2枪或1油杯	6个月	轴承容量的2/3	电工

2.5.4　设备点检标准（表8-10）

表8-10　设备点检标准

点检人员	岗　位　巡　检　工
时　间	2h一次
方　法	"视、听、触、摸、嗅"五感法、测温仪
点检内容及标准	1. 基础无裂纹、倾斜、腐蚀、剥落、变形、下沉现象
	2. 运转正常，零部件完整无缺，机体整洁，无积油、积料
	3. 声音正常，无杂音，螺旋叶片不蹭壳
	4. 温度正常，符合要求，无发热部位，风机≤75℃
	5. 润滑良好，油质、油量符合要求
	6. 振动正常，不过大，符合要求，无异常振动，各部位螺栓紧固无松动
	7. 设备无腐蚀现象

2.5.5　设备维护标准

（1）检查风机声音是否正常，振动、温度是否符合要求。

（2）检查润滑情况，油位是否合乎规定。

（3）检查地脚螺栓有无松动，对轮运转声音是否正常。

（4）检查三角带是否打滑。

（5）检查电动机声音是否正常，振动、温度是否符合要求。

（6）检查滤清器滤布是否干净，如积灰过多应及时更换。

（7）检查基础是否稳固、完整，应无断裂、腐蚀、剥落现象。

（8）检查整体是否稳固、完整，应无断裂、腐蚀、剥落现象。

（9）安全罩应牢固齐全。

2.5.6　设备完好标准

（1）基础、轴承座坚固完整，连接牢固，无松动断裂、腐蚀、脱落现象，机座倾斜小于0.1mm/m。

（2）整机整洁，无积灰、无积料，设备本体见本色，仪表指示清晰。

（3）各零部件完整，没有损坏，各部件调整、紧固良好；仪表和安全防护装置齐全，灵敏可靠；阀门、考克开闭灵活，工作可靠。

（4）润滑良好，油具齐全，油路畅通，油位、油温符合规定。

（5）无明显渗油和跑、冒、滴、漏现象，运转平稳，无杂音、振动和窜动。

（6）电动机及其他电气设施运行正常。

（7）设备运行负荷达到铭牌标定值或核定负荷。

第 6 节　现场应急处置

参见本篇第 7 章第 6 节。

第9章　氧化铝包装行车岗位作业标准

第1节　岗位概述

1　工作任务

(1) 负责将 AO 仓内合格物料按要求装入散装车内并保证及时外运。

(2) 负责将 AO 仓内合格物料通过自动称量包装机包装,整齐堆放于堆栈各货位区域。

(3) 负责行车日常检查维护保养。

第2节　安全、职业健康、环境、消防

1　危险源辨识及控制措施 (表9-1)

表9-1　危险源及控制措施

序　号	危险危害因素	控制措施
1	上岗前未经过三级安全教育培训,对现场危险源不熟悉,发生安全事故	上岗前必须经过三级安全教育培训
2	湿手触摸电器插座、插头,私自接线,导致人员触电	规范使用电源,接线、检查线路由电工等专业人员操作;配电室开关操作,电工必须穿戴好劳保用品
3	进入生产现场劳保用品穿戴不规范,造成人员伤害	正确穿戴劳动保护用品
4	现场点巡检时,走道盖板缺失、松动,人员坠落	确认盖板完好、牢固
5	行车工疲劳驾驶,酒后驾驶,造成伤害	严禁疲劳驾驶、酒后驾驶
6	高空区域作业,无防范措施易坠落	佩戴安全带;行立于安全平台
7	违章操作、与指挥者下达指令不一致、信息反馈错误造成伤害事故	熟悉现场,严格按生产、设备、安全技术标准、规定作业
8	现场存在粉尘,引发职业病	穿戴好防护用品,确保防护设施完好
9	包装作业时两人配合失误,夹带夹伤	夹带必须确认收手方可按键
10	戴手套操作设备旋转部件,发生机械伤害	严格遵守操作规程,操作旋转设备时禁止戴手套
11	站在运转的链板机上作业,导致夹伤	传动设备禁止靠近
12	吊装作业未打铃提示或听到铃声未及时走开,造成起重伤害	现场吊装必须严格按操作规程执行,起吊时必须打铃提示,听到铃声必须离开吊物3m以外

序 号	危险危害因素	控 制 措 施
13	上下楼梯未扶好扶手，导致摔伤	上下楼梯扶好扶手
14	车辆出入频繁，造成车辆伤害	当心车辆
15	司机随意上车干扰装车，造成伤害	严格按制度执行，严禁司机上车干扰装车
16	进入电收尘、旋风筒内部，造成高温伤害	进入电收尘、旋风筒内部，必须确保先通风，温度降至40℃以下后方可进入，并做好监护工作
17	旋转设备螺丝松动，飞出伤人	及时巡检，发现问题及时处理
18	安全拉绳失灵，无法停止皮带，造成安全事故发生	经常检查，确保灵活好用
19	电铃损坏，行车运转前无提示，造成起重伤害	电铃损坏应及时恢复，确保灵活好用
20	安全移动护栏、护罩被随意挪开，未及时恢复，导致链板等传动设备伤人	禁止随意挪动移动护栏、护罩
21	检修材料余留在行车上，掉落砸伤	行车上禁止堆放一切工器具、垃圾、灯具、备件

2 安全须知

（1）凡进入区域的新员工、外培实习和新调人员，都必须接受入厂、区域、班组岗位三级安全教育，经考试合格后，方可上岗工作。

（2）严格遵守劳动纪律和各项规章制度，班前、班中不准喝酒，禁止精神失常者上岗工作。

（3）工作前要穿戴好必要的劳动保护品，包括工作服、雨衣、酸衣、工作帽、披肩帽或安全帽、手套、绝缘手套或胶皮手套、劳保鞋、绝缘鞋或胶鞋、防护眼镜或面罩等，并做到"三紧"。

（4）工作期间不准穿拖鞋、凉鞋、高跟鞋、短裤或光膀子，女工留长发辫子的要系在工作帽内。

（5）工作时间严禁打闹斗殴、开玩笑、打盹睡岗、串岗、脱岗。严禁下棋、打牌、洗澡、到处乱跑等，严禁做与工作无关的私活。

（6）一切安全保险装置、防护设施、安全标志和警告牌不准任意拆卸和擅自挪动，必须挪开时，工作完后要立即恢复。

（7）严格遵守区域作业标准，做好本职工作，自己的岗位不经直接上级批准，不得私自交给他人看管，否则，发生的问题由本人负责。

（8）行车盖板，必须盖好，不准挪用。

（9）传动危险部位，都应有防护装置和安全罩。

（10）在雨雪冰冻、积水、粉尘区域行走和工作时，应谨慎小心，以防滑倒伤人。

（11）上下楼梯、爬梯要手扶栏杆，不准靠栏杆休息、打闹和开玩笑，严禁往下乱扔东西，以免落物伤人。

（12）打锤时要首先检查锤头是否牢固，有无飞边毛刺，挥锤前要环视四周，两人以上打锤时，都要戴好安全帽，并不准对站对打。

（13）严禁用湿手触摸电气设备，身体不得接触设备的运转部位，设备周围严禁挂衣物、堆放杂物，保持环境清洁、通道顺畅。盘车时，禁止他人开车。

（14）凡停车 8h 的电气设备或不到 8h，但有打垫子或下雨等特殊情况溅上水和料者，必须找电工测量绝缘情况，合格后方能开车。

（15）电气设备发生故障一律由电工处理，不准私自处理，以免触电伤人。

（16）使用手持电动工具时必须有可靠的接地措施，手持电动、风动工具各处接头要牢固、利落，严防挂拉开头伤人。使用中不得更换零件，用完要清洗加油。

（17）检修槽体、管道或设备时，要首先开具工作票并与有关岗位联系好，切断料源、气源、电源。在相关位置悬挂警示牌，放完存料、气，穿戴好劳保用品，必要时戴好眼镜，不要面对法兰，严防余料喷出伤人。

（18）拆装设备时不得用手指插入连接面深处探摸螺孔，事先要扶好吊牢，严防只有一个螺栓连接时，物件脱落伤人。

（19）进槽内工作时必须确认工作票的执行情况，挂上警告牌。有传动的设备要切断电源，外边要有专人监护，仓内要保持通风良好，温度降到40℃以下，照明使用12V安全灯。

（20）行车上禁止往下扔东西，必要时要有专人看守，危险区要用警戒带（线）围起来，并挂上"危险"、"禁止通行"的警告牌。

（21）凡在两米以上高空作业禁止穿硬底鞋，并要有一定的安全措施，要系好安全带，并栓在高处牢固的地方。

（22）禁止倚靠移动护栏、操作台、吊装口栏杆，因检修或安装临时拆除的栏杆或过桥等安全措施，完工后必须恢复，否则不予验收和试车。

（23）氧化铝各仓内严禁烟火，并要严格遵守相关仓库安全规定。

（24）对岗位所属设备要杜绝跑、冒、滴、漏现象，做到安全文明生产。

（25）包装工、司机进入包装区域必须穿好劳动保护用品，禁止随意走动，听从行车工指令。

3　环境因素识别及控制措施（表9-2）

表9-2　环境因素及控制措施

序　号	环 境 因 素	控 制 措 施
1	电能、润滑油能源消耗	提高效率，标准化作业
2	生活垃圾、废旧盘根、垫子、保温材料污染环境	分类收集、集中处理
3	废油、破布、废电池污染环境	分类收集、集中处理
4	使用大量包装袋，消耗材料	待时机成熟考虑改为罐装，节约资源
5	运行记录使用纸、笔，消耗材料	节约资源
6	布袋除尘器向大气排放粉尘	定时点巡检，确保布袋除尘器运转，及时排除内部积料
7	包装机消声器失效，噪声污染	点巡检、作业时戴好耳塞

4　消防

（1）贯彻执行"防消结合、预防为主"的消防方针。

（2）学习消防安全知识，认真执行消防安全管理规定，熟练掌握工作岗位消防安全设施的使用方法。

（3）坚守岗位，提高消防安全意识，发现火灾应立即报告，并积极参加扑救。

（4）班前、班后认真检查岗位上的消防安全情况，及时发现和消除火灾隐患，自己不能消除的应立即报告。

（5）爱护、保养好本岗位的消防设施、器材。

（6）积极参加消防安全教育、培训、演练，熟练掌握有关消防设施和器材的使用方法，熟知本岗位的火灾危险和防火措施，提高消防安全业务技能和处理事故的能力。

（7）熟悉安全疏散通道和设施，掌握逃生自救的方法。

（8）现场消防器材齐全可靠，取用方便。

（9）氧气瓶、油类、棉纱等易燃、易爆品应分别保管，仓库内严禁烟火。

（10）岗位用火炉必须符合生炉规定，并取得消防部门用火证方可使用。

（11）严禁在氧化铝仓区域吸烟，禁止流动吸烟。

（12）严禁使用汽油、易挥发溶剂擦洗设备、工具及地面等。

（13）严禁损坏作业区内各类消防设施。

（14）严禁在防火重点区域（焙烧炉及煤气管道）内吸烟、动用明火和使用非防爆电器。

（15）"七防"（防火、防雷电、防中毒、防暑降温、防尘、防爆、防洪）用品和设施不准挪用，并定期进行检查和维护。

第 3 节　作 业 标 准

1　行车岗位作业规程

（1）开车前应认真检查机械设备、电气部分和防护装置是否完好、可靠，如果控制器、制动器、限位器、电铃、紧急开关等主要部件失灵，严禁吊运。

（2）开车前必须摸清吊运范围内物件的情况，严格检查使用的吊具和绳索是否与所吊物品相适应，是否符合安全标准。

（3）必须听从挂钩人员指挥，但对任何人发出的紧急停车信号，都应立即停车。

（4）行车启动时应先鸣铃警告后启动行走。

（5）操作控制手柄时，应先从"0"位移到第一挡，然后逐级增减速度。换向时，必须先转回"0"位。

（6）当接近卷扬限位器、大小车临近终端或与邻近行车相遇时，速度要缓慢，不准用倒车代替制动、用限位代替停车、用紧急开关代替普通开关。

（7）应在规定的安全走道、专用站台或扶梯上行走和上下。大车轨道两侧除检修外不准行走，小车轨道上严禁行走，不准从一台行车跨越到另一台行车。

（8）工作停歇时，不得将起重物悬在空中停留，运动中，地面有人或落放吊件时应鸣铃警告，严禁吊物在人头上越过，吊运物件离地面不得过高。

（9）两台行车同时起吊一个物件时，要听从指挥，步调一致。

（10）运行时行车与行车之间要保持一定的距离，严禁撞车；同壁行车错车时，行车应开动小车主动避让。

（11）起吊重吨位物件时，应先稍离地试吊，确认吊挂平稳、制动良好，然后升高，缓慢运行。不准同时操作三只控制手柄。

（12）行车在运行时严禁有人上下，也不准在运行时进行检修或调整机件。

（13）运行中发生突然停电，必须将开关手柄放置到"0"位。起吊件未放下或吊具未脱钩，不准离开驾驶室。

（14）运行时由于突然故障而引起吊件下滑时，必须采取紧急措施向无人处降落。

（15）行车工必须认真做到"十不吊"，即：

1）超过额定负荷不吊；

2）指挥信号不明，重量不明，光线暗淡不吊；

3）吊物未紧固挂牢不吊；

4）直接进行加工的物件不吊；

5）歪拉斜挂不吊；

6）物体上下有人不吊；

7）易燃易爆物品不吊；

8）物件锋利棱角未加垫不吊；

9）埋入地面的物件不吊；

10）金属液过满，未打固定卡子不吊。

（16）工作完毕，行车应停在规定位置，升起吊钩，小车开到轨道两端，并将控制手柄放置"0"位，切断电源。

2　设备常见问题及处理方法（表9-3）

表9-3　设备常见问题及处理方法

序　号	故　障	产 生 原 因	处 理 方 法
1	电流强度大	电压低，单相运转，线路接地，抱闸紧，负荷大	检查电气，勿超负荷，调好抱闸
2	轴承温度高	缺油、油脏、油眼堵、轴承不正等	加油、换油、通油眼、找正
3	抓斗打不开	电气问题	找电工处理
		绳出槽，滑轮卡住	钳工处理
4	缓冲器	小车撞坏	修理或更换缓冲器
5	走轮表面磨损、掉块	轨道高低不平，制造强度不够	轨道找平，保证强度
6	抱闸不吸	电器问题	电工处理
		缺油	加油
7	钢丝绳断	磨损严重	定期更换
		限位开关失灵	修复
		抓斗提升过高	注意操作
		超重	不要超重

第 4 节　设　备

1　设备、槽罐明细表（表9-4）

表 9-4　设备、槽罐明细表

1	自动定量包装机	$40 \sim 50$ 袋/h，有 $1.5t$/袋，计量精度 $\pm 0.2\%$	6
	链板输送机	$B = 1400$，$L = 22m$	6
2	5t 桥式起重机	$LK = 25.5m$，$H = 16m$	3
	大车运行电动机	$N = 2 \times 7.5kW$	3
	小车运行电动机	$N = 2.2kW$	3
	起升电动机	$N = 13kW$	3
3	储气罐	$V = 2m^3$	4
4	脉冲袋式除尘器	$F = 96m^3$，$4608 \sim 6912m^3/h$	6
	卸灰阀	XWD2.2-5-1/43，$N = 2.2kW$	6
5	离心风机	$Q = 5083m^3/h$，$P = 2010Pa$	6

2　天车使用维护标准

2.1　工作原理

氢氧化铝天车是在氢氧化铝储仓用来抓取氢氧化铝物料的工具。上部是普通天车，下部配备专用抓斗，将地面氢氧化铝物料抓起放到板式机下料口上。

2.2　设备的结构组成

天车可分为小车、大车、桥架金属结构及电气控制四大部分。

（1）小车部分

1）起升机构——起升电动机、开合电动机、减速机、齿形联轴器、卷筒、制动器、钢丝绳、抓斗等。

2）运行机构——小车运行电动机、减速机、齿形联轴器、四个小车走轮、制动器等。

3）金属小车架——它是支承和安装小车的机架，又是传递全部起重负荷的结构件，因此要求具有足够的强度和刚度，并减轻自重。

（2）大车部分

由电动机、制动器、减速机、四个大车车轮组、传动轴等组成。两边的主动车轮由各自的电动机分别驱动。

（3）桥架金属结构：箱形截面的板梁式桥架、驾驶操纵室。

（4）电气控制：电气控制箱、运行滑线等。

2.3　设备润滑标准（表9-5）

表9-5　设备润滑标准

润滑部位	润滑方式	润滑油型号	加油周期	加油量	换油周期	换油量	加换人员
减速机	油浴润滑	220号极压齿轮油	油位接近或低于油面镜的1/2时加油	加至油面镜1/2时加油	3个月	废油全部清理干净后更换，加到油标的2/3处或上刻度线	操作工
卷筒润滑	手工加脂润滑	3号磺基脂	每天加一次	每次加1/2枪或1油杯			操作工
齿轮联油器	手工加脂润滑	3号磺基脂					操作工
钢丝绳	手工加脂润滑	3号磺基脂					操作工
轮及滚动轴承	手工加脂润滑	3号磺基脂					操作工
电动机轴承	手工加脂润滑	3号磺基脂				轴承容积2/3	电工

2.4　设备点检标准（表9-6）

表9-6　设备点检标准

点检人员	岗 位 巡 检 工
时　间	2h一次
方　法	"视、听、触、摸、嗅"五感法、测温仪
点检内容及标准	1. 减速机行平衡，无裂纹、倾斜、腐蚀等现象
	2. 运转正常，零部件完整无缺，机体整洁，无积油、积料
	3. 齿形联轴器无损坏
	4. 抓斗开闭正常，滑轮运转自如
	5. 润滑良好，油质、油量符合要求
	6. 无异常振动，各部位螺栓紧固无松动
	7. 钢丝绳无磨损、严重腐蚀
	8. 密封良好，无明显渗、漏油
	9. 电气元件无异常动作
	10. 设备无腐蚀现象
	11. 抱闸松紧适度
	12. 电器限位灵敏可靠，滑线接触良好
	13. 减震器完好

2.5　设备维护标准

（1）检查钢丝绳卡扣有无松动，钢丝绳油量是否充足，不要卷错。抓斗不要升得过高，以免限位器失灵而过顶。日常要保证钢丝绳不老化、不扭曲、不脱槽、不锈蚀、润滑良好。

（2）检查抓斗有无裂纹、脱焊现象，有无变形，升降、开合是否灵活。

（3）抓斗滑轮组及挡绳轮应转动灵敏，销钉轴、联轴节应无缺油现象，缓冲器应有效。

（4）设备各零部件应完整齐全，设备性能良好，卫生清洁，无跑、冒、滴、漏现象。

（5）检查所有减速机、各润滑部位是否保持油量充足，轴承温度不得超过60℃，无渗漏油现象。

（6）电气系统应接触良好，操作灵敏，滑线、继电器无脱落，工作正常。

（7）轨道应平整，无裂纹、弯曲、翘起部分，行走轮无裂纹，车体构架基础完好，无裂纹、不倾斜、不变形。

2.6　设备完好标准

（1）轨道基础稳固无下沉。

（2）轨道平整，无裂纹、弯曲、翘起部分，行走轮无裂纹，车体构架基础完好，无裂纹、不倾斜、不变形。

（3）抓斗无裂纹、脱焊现象，无变形，升降、开合灵活。

（4）抓斗导向轮组转动灵敏无磨损，销钉轴、联轴节无缺油现象，缓冲器无损坏。

（5）钢丝绳卡扣无松动，钢丝绳油量充足，不要卷错。

（6）抓斗不要升得过高，各限位器灵敏正常。

（7）钢丝绳不扭曲、不脱槽、不锈蚀、润滑良好。

（8）各电气装置安全可靠，安全防护装置齐全。

第5节　现场应急处置

1　伤亡、伤害事故应急处置方案

1.1　呼救

当生产现场发生伤害事件，最先发现情况的人员应大声呼叫，呼叫内容要明确，某某地点或某某部位发生某某情况，将信息准确传出。听到呼叫的任何人均有责任将信息报告给与其最近的管理人员、抢救小组成员，使消息迅速报告到伤亡伤害应急响应小组现场总指挥处。

应急响应小组现场总指挥负责现场组织工作。

1.2　报警

报警人员负责打急救电话"120"，报告发生伤亡伤害的地点、伤害类型，同时必须告知事故发生地附近的醒目标志建筑，以利急救中心迅速判断方位。

安全员负责将伤亡伤害情况及时报告公司安环部。

1.3　接车

接车人员迅速到路口接车，引领急救车从具备驶入条件的道路迅速到达现场。

1.4　自救

应急响应小组现场总指挥负责现场组织工作。

1.5　高空坠落、物体打击自救

（1）迅速移走周围可能继续产生危险的坠落物、障碍物，为急救医生留出通道，使其可以最快到达伤员处。

（2）高空坠落不仅产生外伤，还产生内伤，不可急速移动或摇动伤员身体。应多人平托住伤员身体，缓慢将其放置于平坦的地面上。

（3）发现伤员呼吸障碍时应正确进行人工呼吸。

（4）发现出血应迅速采取止血措施，可在伤口近心端结扎，但应每半小时松开一次，避免坏死。动脉出血应用指压前段动脉止血。

1.6　触电自救

（1）使触电人员脱离电体，抢救人员必须首先保证自己不被伤害。如附近有电源开关，应首先切断电源。如附近无电源开关，应寻找干燥木棒、木板等绝缘材料，挑开带电体。如可以迅速呼唤到周围电工，电工可利用本人绝缘手套、绝缘鞋齐全的条件，迅速使触电者摆脱带电部位。

（2）急救：触电者摆脱带电体后，应立即就地对其进行急救，除非周围狭窄、潮湿，不具备抢救条件，可将其转移到另外的地方，急救步骤如下。

（3）使触电者仰面平躺，检查有无呼吸和心脏跳动。如触电者呼吸短促或微弱，胸部无明显呼吸起伏，应立即给其做人工呼吸。如触电者脉搏微弱，应立即对其进行人工心脏按压，在心脏部位不断按压、松开，频率为60次/分钟，帮助触电者复苏心脏跳动。由于触电的不良影响不能立即表现出来，因此，即使触电者自我感觉良好，也不得继续工作，应使其平躺，保持安静，同时保证周围空气流通，由医生来决定是否需要进一步治疗。

1.7　机械伤害自救

由相关在场人员迅速切断机械电源。将人员救出后，立即检查可能的伤害部位，进行止血，止血方法同上。如有切断伤害，应寻找切断的部分，并将其妥善保留。

2　汛期事故应急处置方案

（1）汛期事故小组全体成员要提高抢险意识，遇到汛期事故时主动进厂，做好汛期事故抢险工作。

（2）遇大雨、暴雨时，汛期事故小组人员应及时主动到位，随时准备进厂抢险。

（3）每到汛期时应在配电室、操作室堆放沙袋及隔板，配置软轴泵。

（4）特大雷雨天气，须架设软轴泵防汛排洪，遇到困难时应及时向公司调度室汇报，请求支援，共同抢险。

（5）遇到突然停电应及时向区域领导和公司调度室汇报，采取相应急救措施，计划停电应上报调度室。

（6）对事故中及抢险过程中发生的人员伤害，要积极组织抢救，按照单位《伤亡、伤害应急响应处置方案》的规定，及时送往医院救治。

（7）根据应急救援指挥部的命令，及时配送抢险救援物资。

（8）事后恢复：对事故发生后的现场要及时进行清理，使生产尽快恢复，把损失减到最小程度。对发生事故的区域要加强巡视，防患于未然。

冶金工业出版社部分图书推荐

书　名	作　者	定价(元)
中国冶金百科全书·有色金属冶金	编委会　编	248.00
有色冶金概论(第3版)(本科国规教材)	华一新　主编	49.00
有色冶金化工过程原理及设备(第2版)(本科国规教材)	郭年祥　主编	49.00
有色冶金炉(本科国规教材)	周孑民　主编	35.00
固体物料分选学(第2版)(本科教材)	魏德洲　主编	59.00
冶金设备(第2版)(本科教材)	朱　云　主编	56.00
冶金设备课程设计(本科教材)	朱　云　主编	19.00
轻金属冶金学(本科教材)	杨重愚　主编	39.80
复合矿与二次资源综合利用(本科教材)	孟繁明　编	36.00
冶金工厂设计基础(本科教材)	姜　澜　主编	45.00
拜耳法生产氧化铝(本科教材)	毕诗文　主编	36.00
氧化铝厂设计(本科教材)	符　岩　等编	69.00
冶金工程概论(本科教材)	杜长坤　主编	35.00
物理化学(高职高专教材)	邓基芹　主编	28.00
物理化学实验(高职高专规划教材)	邓基芹　主编	19.00
无机化学(高职高专教材)	邓基芹　主编	36.00
无机化学实验(高职高专教材)	邓基芹　主编	18.00
冶金专业英语(第2版)(高职高专国规教材)	侯向东　主编	36.00
金属材料及热处理(高职高专教材)	王悦祥　等编	35.00
流体流动与传热(高职高专教材)	刘敏丽　主编	30.00
冶金原理(高职高专教材)	卢宇飞　主编	36.00
氧化铝制取(高职高专教材)	刘自力　等编	18.00
氧化铝生产仿真实训(高职高专教材)	徐　征　等编	20.00
粉煤灰提取氧化铝生产(高职高专教材)	丁亚茹　等编	20.00
金属铝熔盐电解(高职高专教材)	陈利生　等编	18.00
火法冶金——粗金属精炼技术(高职高专教材)	刘自力　主编	18.00
火法冶金——备料与焙烧技术(高职高专教材)	陈利生　等编	18.00
火法冶金——熔炼技术(高职高专教材)	徐　征　等编	31.00
湿法冶金——净化技术(高职高专教材)	黄　卉　等编	15.00
湿法冶金——浸出技术(高职高专教材)	刘洪萍　等编	18.00
湿法冶金——电解技术(高职高专教材)	陈利生　等编	22.00
金属热处理生产技术(高职高专教材)	张文丽　等编	35.00
金属塑性加工生产技术(高职高专教材)	胡　新　等编	32.00